Michael Hartschen · Jiri Scherer · Chris Brügger

Innovationsmanagement

Michael Hartschen
Jiri Scherer
Chris Brügger

Innovations-
management

Die 6 Phasen von der Idee
zur Umsetzung

Bibliografische Information der Deutschen Nationalbibliothek

Die Deutsche Nationalbibliothek verzeichnet diese Publikation
in der Deutschen Nationalbibliografie; detaillierte bibliografische
Daten sind im Internet über http://dnb.d-nb.de abrufbar.

ISBN 978-3-86936-015-7

Um ein flüssiges Lesen zu gewährleisten wird im Buch ausschließlich
die männliche Form benutzt.

Lektorat: Friederike Mannsperger
Umschlaggestaltung: Martin Zech Design, Bremen, www.martinzech.de
Illustrationen: Denis «Denko» Klook, www.denko-cartoons.net
Satz und Layout: Lohse Design, Büttelborn, www.lohse-design.de
Druck und Bindung: Salzland Druck, Staßfurt

www.gabal-verlag.de

Inhaltsverzeichnis

Einleitung

*"If you're not failing every now and again,
it's a sign you're not doing anything very innovative."*

WOODY ALLEN, MULTITALENT

Innovationen sind für die Mehrheit der Unternehmen entscheidende Wettbewerbsfaktoren. Trotzdem wird das Suchen, Bewerten und Umsetzen von Ideen oft unsystematisch angegangen. Das vorliegende Buch zeigt einen praxisorientierten Weg von der Idee bis zum umgesetzten Produkt auf. Es richtet sich an Praktiker mit wenig Zeit auf der Suche nach einem klar strukturierten Leitfaden zum Thema. Der Leser erhält Hinweise zur Umsetzung in der Praxis und wird aufgefordert, eigene Erfahrungen zu reflektieren.

Was ist eine Innovation?

Innovation heißt wörtlich „Neuerung" oder „Erneuerung". Das Wort ist von den lateinischen Begriffen novus „neu" und innovatio „etwas neu Geschaffenes" abgeleitet.

Man unterscheidet zwischen einer Invention (Erfindung) und einer Innovation. Eine Erfindung ist noch keine Innovation. Erst wenn eine Erfindung am Markt und unternehmerisch erfolgreich ist, wird von einer Innovation gesprochen. Abbildung 1 zeigt den Zusammenhang zwischen Idee, Umsetzung und Innovation im Innovationsprozess.

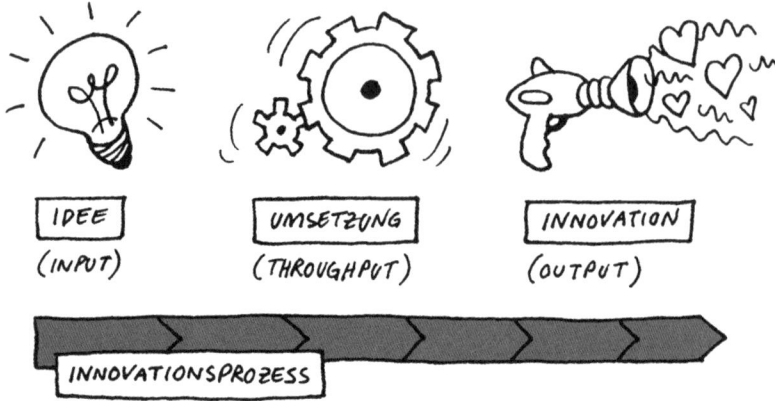

Abbildung 1: Von der Idee zur Innovation

Die Idee ist der Input und die Innovation – das umgesetzte neue Produkt – der Output des Innovationsprozesses.

Innovationsarten

Innovationen sind unterschiedlich einzuordnen. Es gibt radikale Innovationen, die eine ganze Branche auf den Kopf stellen, und kleinere Innovationen, die kaum bemerkt oder vom Markt nicht als solche erkannt werden. Innovationen sind nicht immer nur neue Produkte oder Dienstleistungen. Auch Prozessverbesserungen und neue Arbeits- oder Managementmodelle können Innovationen sein.

Innovationen werden nach Gegenstandsbereich oder nach Neuigkeitsgrad in Gruppen eingeteilt.

Einteilung nach Gegenstandsbereich
Dieses Buch fokussiert in erster Linie auf Produkt- und Dienstleistungsinnovationen und in zweiter Linie auf die Prozessinnovationen. Sozial- und Managementinnovationen werden nicht näher betrachtet.

Gegenstandsbereich	Beispiele
Produkt- und Dienstleistungsinnovation	▣ Kugelschreiber ▣ Telefon ▣ Stilberatung
Prozessinnovation	▣ Fließbandarbeit ▣ Just-in-time-Produktion ▣ Elektronische Theaterkarten
Sozialinnovation	▣ Jobrotation ▣ Beschäftigungsprogramme für Arbeitssuchende ▣ Arbeitslosengeld
Managementinnovation	▣ Virtuelle Organisationsformen ▣ Einsatz von neuen Führungsinstrumenten (z. B. EFQM, MbO)

Tabelle 1: Einteilung von Innovationen nach Gegenstandsbereich

Die Einteilung ist eher theoretisch, da die Trennlinie nicht immer genau gezogen werden kann. Ist der Onlinebuchhandel Amazon nun eine Dienstleistungsinnovation oder eine Prozessinnovation? Man muss wohl sagen: beides.

Einteilung nach Neuigkeitsgrad

Innovationen werden auch nach dem Neuigkeitsgrad unterschieden. Einerseits gibt es die Routine- oder Verbesserungsinnovationen: Etwas bereits Bestehendes wird angepasst oder verbessert. Es ist in seiner Art nicht grundsätzlich neu.

Andererseits gibt es die radikalen Innovationen, die im Grundsatz komplett neuartig sind.

Neuigkeitsgrad	Beispiele
Radikalinnovationen sind vollkommen neue und hoch wirtschaftliche Anwenderlösungen. Sie stellen einen Paradigmenwechsel für den Kunden und eine dauerhafte Differenzierung gegenüber der Konkurrenz dar. Sie beinhalten ein attraktives Potenzial zur Realisierung neuer Produkte oder Prozesse. Sie stellen einen Quantensprung dar und dienen wiederum als Quelle für eine Vielzahl weiterer Innovationen.	▪ Selbstreinigende Bratpfannen mit Nanotechnologie ▪ E-Mail ▪ Digitalfotografie
Verbesserungsinnovationen stellen eine wesentliche Verbesserung gegenüber einer bestehenden Anwenderlösung, einer bestehenden Produktlinie oder einem Prozess dar. Manche Eigenschaften werden um 30 % oder mehr verbessert. Sie unterstützen und verstärken die führende Position der Produktlinie und bieten einen mittelfristigen Wettbewerbsvorteil.	▪ GPS auf Mobiltelefon ▪ Zahnbürste mit ergonomischem Haltegriff ▪ SMS über Festnetzanschluss ▪ Elektronische Fahrkarte mit MMS
Routineinnovationen bieten einen Mehrwert für eine bestehende Anwenderlösung durch zusätzliche Merkmale, Optimierung bestehender Eigenschaften oder durch Reduktion der Produktionskosten. Sie dienen der Anpassung von Preis, Qualität und Service in Unternehmen und haben nur eine kurze Wettbewerbswirkung. Unter dem Begriff KVP (Kontinuierlicher Verbesserungsprozess) werden in erster Linie Routineinnovationen verstanden.	▪ Beleuchtung von Funktionstasten ▪ Verstärkung von Scharnieren, welche stets ausbrechen ▪ Ein-Aus-Schalter am Netzgerät, um Strom zu sparen

Tabelle 2: Einteilung von Innovationen nach Neuigkeitsgrad

Betrachtet man die unterschiedlichen Innovationen etwas genauer, stellt man fest, dass es sich bei der großen Mehrheit um Verbesserungs- oder Routineinnovationen handelt. Kritische Stimmen behaupten sogar, dass rund 90 % aller Innovationen Verbesserungs- oder Routineinnovationen sind.

Teilen Sie die neuen Produkte, Dienstleistungen und Prozesse der letzten drei Jahre Ihres Unternehmens in drei Gruppen ein:

Radikalinnovationen   **Verbesserungs-**   **Routineinnovationen**
                                 innovationen

Innovationsprozess

Sucht man im Internet nach Innovationsprozessen, findet man eine Vielzahl von unterschiedlichen Vorgehensweisen. Es gibt Prozessmodelle mit vier und andere mit zehn Phasen. Einige sind ausschließlich auf technische Innovationen ausgerichtet und weitere fokussieren stärker auf den Dienstleistungsbereich.

Dieses Buch basiert auf einem einfachen Innovationsprozess in sechs Phasen, der sich für neue Produkte, Dienstleistungen und Prozesse eignet. Jede Phase beschreibt den inhaltlichen Ablauf, die angewendeten Methoden und das Endresultat.

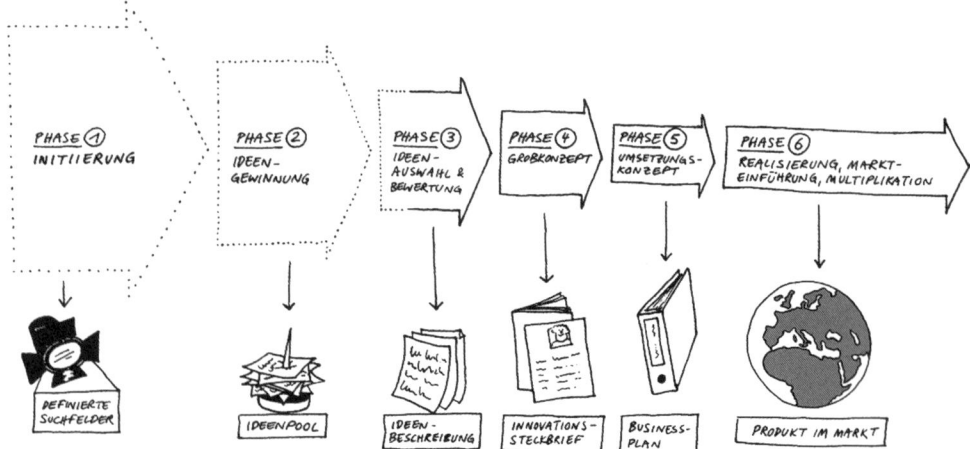

Abbildung 2: Innovationsprozess in sechs Phasen

Phase 1: Initiierung

In der ersten Phase werden Innovationen angestoßen. Hier stellen sich folgende Fragen: Wo soll überhaupt nach Ideen gesucht werden? Was sind eigene Stärken und Schwächen? Welche Chancen und Risiken können im Markt ausgemacht werden? Das Resultat der ersten Phase sind definierte Suchfelder.

Phase 2: Ideengewinnung

Ideen können durch Mitarbeitende, Kunden oder Lieferanten an das Unternehmen herangetragen werden. Oder sie können in einem Ideenfindungsworkshop generiert werden. Ziel der zweiten Phase ist es, einen Ideenpool mit einer größeren Anzahl Ideen zusammenzutragen.

Phase 3: Ideenauswahl und -bewertung

Alle gesammelten Ideen werden anhand unterschiedlicher Kriterien bewertet und mit einer kurzen Ideenbeschreibung dokumentiert.

Phase 4: Grobkonzept

Die Ideenbeschreibungen werden weiter verfeinert, die Umsetzbarkeit wird geprüft und die Suche nach möglichen Partnern für die Umsetzung beginnt. Das Ergebnis dieser Phase sind Innovationssteckbriefe mit einem Umfang von 4 – 20 Seiten.

Phase 5: Umsetzungskonzept

In dieser Phase wird die Innovation im Detail beschrieben mit einem genauen Vorgehensplan für die Entwicklung, die Produktion und die Markteinführung. Falls erforderlich, werden erste Prototypen erstellt. Das Ergebnis ist ein detaillierter Businessplan mit einem Umfang von 40 – 100 Seiten.

Phase 6: Realisierung, Markteinführung, Multiplikation

Was im Businessplan beschrieben ist, kommt zur Umsetzung: Von der Schulung der Mitarbeitenden, dem Erstellen der Marketinghilfsmittel, den fortlaufenden Qualitätstests bis hin zu organisatorischen Veränderungen. Die Innovation wird aktiv nach innen und außen kommuniziert. Bestehende Märkte werden ausgebaut und neue Absatzkanäle werden geprüft. Alternative Einsatzgebiete werden gesucht und neue Innovationen können angestoßen werden.

Symbole und Website

Symbole zum Buch

Diese vier Symbole dienen im Buch als Wegweiser:

TIPP
Tipps aus der Praxis oder Vertiefungshinweise helfen bei der Umsetzung.

AUFGABE
Hier haben Sie Platz für Ihre Notizen.

BEISPIEL
Eine Methode wird an einem konkreten Beispiel vorgestellt.

DOWNLOAD
Auf der Website *www.innovationsmanagement.eu* finden Sie alle gekennzeichneten Vorlagen aus diesem Buch sowie alle Illustrationen und weiterführende Artikel und Links zum Thema Innovationsmanagement.

Phase 1:
Initiierung

„Jeder Mensch ist von Gelegenheiten umgeben. Aber diese existieren erst, wenn er sie erkannt hat. Und er erkennt sie nur, wenn er nach ihnen sucht!"

EDWARD DE BONO,
KREATIVITÄTSFORSCHER UND AUTOR

Innovationen werden in Unternehmen unterschiedlich angestoßen: Einerseits werden sie durch die Wahrnehmung eines Problems oder einer Chance auf der Marktseite initiiert. Andererseits können interne Auslöser, die sich aus der Unternehmenstätigkeit ergeben, Innovationen anstoßen.

Unabhängig davon, ob der Innovationsprozess durch externe oder interne Auslöser initiiert wird, muss am Beginn eine systematisch durchgeführte Situationsanalyse stehen. Deren Ziel ist eine möglichst exakte Beschreibung und Beurteilung der Ausgangssituation.

SWOT zur Situationsanalyse

Es gibt eine große Anzahl von Methoden aus dem strategischen Management für die Situationsanalyse. Ein klassisches und einfaches Instrument ist die SWOT-Analyse. SWOT steht als Akronym für Strengths (Stärken), Weaknesses (Schwächen), Opportunities (Chancen) und Threats (Gefahren). Die SWOT-Analyse beschreibt also die Stärken und Schwächen des Unternehmens sowie die Chancen und Gefahren im und aus dem Umfeld.

Abbildung 3: Situationsanalyse

Unternehmensanalyse

Die Analyse des Unternehmens richtet den Blick nach innen: Welche Stärken haben wir? Mit welchen Schwächen müssen wir leben?

Stärken (Strengths):

Die Stärken des Unternehmens im Vergleich zu seinen Mitbewerbern sind herauszuarbeiten:

- Worin liegen die Vorteile unseres Unternehmens gegenüber der Konkurrenz?
- Welches sind unsere Kernkompetenzen?
- Welche wichtigen Ressourcen hat nur unser Unternehmen?
- Was sehen andere als Stärken unseres Unternehmens an?

Schwächen (Weaknesses):

Die Schwächen im Vergleich zu den Mitbewerbern werden aufgeführt:

- Worin liegen die Nachteile?
- Was tun wir weniger gut als andere Unternehmen?
- Was kann verbessert werden?

Tipp

Mögliche Stärken und Schwächen eines Unternehmens können sein:

- Zufriedenheit von Kunden, Mitarbeitenden, Aktionären
- Finanzielle Resultate
- Technologisches Know-how
- Know-how des Managements
- Qualität der Mitarbeitenden
- Marketing
- Einkauf
- …

Umweltanalyse

Aus dem Umfeld eines Unternehmens können die Chancen und Gefahren abgeleitet werden. Die Umweltanalyse richtet den Blick nach außen, das heißt auf den Markt, in die Gesellschaft, in die Politik oder auf die Kultur. Hier entstehen die zukünftigen Chancen und Gefahren, die von einem Unternehmen genutzt oder bewältigt werden müssen.

Chancen (Opportunities):

- Welche Chancen und positiven Gelegenheiten kommen auf unser Unternehmen von außen zu (Markt, Kunden, Gesetze, Politik, Technologien, Lifestyle der Zielgruppen …)?
- Welche interessanten Trends können ausgemacht werden?

Gefahren (Threats):

- Welche Bedrohungen können auf unser Unternehmen zukommen? Welche Hindernisse und Probleme deuten sich an?
- Was macht der Wettbewerb?
- Ändern sich die Marktanforderungen?
- Welche Gefahr kann existenzbedrohend werden?

Tipp

Mögliche Chancen und Gefahren aus dem Umfeld können sein:

- Ökonomische Rahmendaten
- Politik
- Gesellschaftliche Veränderungen
- Beschaffungsmärkte
- Absatzmärkte
- Konkurrenz
- Modetrends
- ...

Tabelle 3 zeigt ein Beispiel einer SWOT-Analyse für ein KMU (Kleine und mittlere Unternehmen) mit den Stärken und Schwächen des Unternehmens sowie den Chancen und Gefahren aus dem Umfeld.

Stärken (Strengths)	Chancen (Opportunities)
- Wir können als kleineres Unternehmen schnell auf Marktveränderungen reagieren.	- Unser Zielmarkt wächst; die Verbrauchergewohnheiten wandeln sich in Richtung unseres Produktportfolios.
- Unsere Produkte haben eine sehr hohe Qualität, die vom Markt wahrgenommen wird.	- Unser Hauptkunde arbeitet gerne mit kleineren Unternehmen zusammen.
- Unsere Administration ist schlank und dadurch kostengünstig.	- Wir haben im Moment mehrere Innovationsprojekte in der Pipeline.
- Wir haben wegen der momentan niedrigen Auftragslage Kapazität frei und daher Zeit, uns um unsere Kunden zu kümmern.	
Schwächen (Weaknesses)	**Gefahren (Threats)**
- Wir sind im Markt immer noch wenig bekannt.	- Werden wir den technologischen Fortschritt mitmachen können, der erforderlich ist, um die Änderungen der Verbrauchergewohnheiten zu berücksichtigen?
- Unser Management ist dünn besetzt; das Unternehmen ist daher sehr anfällig gegen Krankheit und Abwesenheit des Managements.	- Wir werden vom Konkurrenten aufgekauft.
- Die nächste Finanzierungsrunde ist noch nicht gesichert.	

Tabelle 3: SWOT eines KMU

Erstellen Sie eine SWOT-Analyse für Ihr Unternehmen.

STRENGTHS	OPPORTUNITIES
WEAKNESSES	THREATS

Bestimmung von Suchfeldern

Um ein zielloses Zusammentragen und Bewerten von Ideen zu vermeiden, empfiehlt es sich, zuerst Suchfelder abzustecken. Grundsätzlich sollte der Schwerpunkt bei der Definition von Suchfeldern auf der Lösung von Kundenproblemen liegen. Die Suchfelder können sich auf die Probleme bestimmter Kunden oder Kundengruppen beschränken oder sie können sich auf bestimmte Problemstellungen konzentrieren, die für alle gleich wichtig sind. Um Suchfelder zu definieren, bieten sich grundsätzlich drei unterschiedliche Ansatzpunkte an:

1. Marktorientierte Betrachtung. Sie zielt auf die direkte Identifikation von Kundenbedürfnissen.
2. Betrachtung, die von den eigenen Kompetenzen ausgeht. Hier geht man der Frage nach, welche neuen bzw. noch nicht abgedeckten Kundenbedürfnisse ein Unternehmen mit seinen bestehenden Fähigkeiten und Kompetenzen abdecken könnte.
3. Kundennutzenorientierte Suchfeldbestimmung. Hier versetzt man sich in die Perspektive des Kunden, um den Wert des Produktes/der Dienstleistung für ihn zu optimieren.

Abbildung 4: Analyse von Suchfeldern

Die Bestimmung von Suchfeldern erleichtert nicht nur die Gewinnung von Ideen, sondern auch die Weiterverarbeitung der erzeugten Ideen.

Marktorientierte Suchfeldbestimmung

Die marktorientierte Identifikation von Suchfeldern ist oft der erste und einfachste Ansatz. Folgende Fragen stehen im Mittelpunkt:

- Welche Bedürfnisse haben unsere Kunden aktuell oder ergeben sich in Zukunft?
- Gibt es Entwicklungen, die neue Bedürfnisse wecken könnten?
- Welche Probleme haben die Kunden bei der Nutzung unserer Produkte oder Dienstleistungen?
- Welche Produkte bieten Mitbewerber an und wo könnten wir uns unterscheiden?

Kompetenzorientierte Suchfeldbestimmung

Ein wesentliches Merkmal der marktorientierten Betrachtung besteht darin, dass die Kunden, die man bedienen will, zumindest ansatzweise bekannt sind. Bei der kompetenzorientierten Betrachtung ist das nicht zwingend der Fall. Vielmehr steht hier die Frage im Vordergrund, welche Bedürfnisse in neuen Märkten – aufbauend auf bestehenden Fähigkeiten – befriedigt werden können. Hier zielt man in erster Linie auf „Nicht-Kunden" und neue Zielgruppen. Diese Betrachtungsweise eröffnet in der Regel ein großes Spektrum an innovativen Ideen.

Zunächst müssen die Kernkompetenzen des Unternehmens oder der Abteilung definiert werden. Eine Kernkompetenz ist eine dauerhafte und transferierbare Ursache für den Wettbewerbsvorteil einer Organisation. Diese basiert auf Ressourcen, Fähigkeiten und deren Kultur. Die grundlegende Idee des Kernkompetenzansatzes ist, dass Erfolge nicht zuerst auf großartigen Produkten und Dienstleistungen beruhen, sondern auf einer einzigartigen Kombination von tief im Unternehmen verwurzelten Kompetenzen, welche die Entwicklung solcher Dienstleistungen erst ermöglichen.

Abbildung 5: Herausragende Produkte und Dienstleistungen entstehen aus Kernkompetenzen

Kernkompetenzen sind schwierig zu imitieren und leisten einen entscheidenden Beitrag zum Kundennutzen.

Kernkompetenzen weisen die folgenden fünf Eigenschaften auf:
1. Echter Wettbewerbsvorteil
2. Hohe Eintrittsbarrieren für Mitbewerber
3. Hoher Kundennutzen
4. Nachhaltigkeit
5. Transferierbarkeit auf andere Organisationseinheiten

An diesen Eigenschaften wird deutlich, dass Kernkompetenzen die Basis des bestehenden Unternehmens bilden und auch zum Aufbau weiterer Geschäftsfelder dienen.

Wie kann man nun die Kernkompetenzen eines Unternehmens bestimmen, um daraus Suchfelder für innovative Dienstleistungen abzuleiten? Hier ein einfaches Vorgehen:

1. Auflistung der fünf bis zehn kritischen Fähigkeiten des Unternehmens, die für seinen Erfolg relevant sind:
   - Welche Fähigkeiten sind zur Erbringung der Marktleistung relevant?
   - Welche Fähigkeiten sind entscheidend für den Erfolg?
   - Welche Fähigkeiten werden von den Kunden wahrgenommen?

2. Bewertung der kritischen Fähigkeiten anhand der erwähnten fünf Eigenschaften. Zum Beispiel mit einer Ausprägung von 1 = nicht existent bis 5 = sehr hoch.

3. Die Kompetenzen mit den größten Ausprägungen kann man als Kernkompetenzen eines Unternehmens bezeichnen. Oft hat ein Unternehmen zwei bis vier echte Kernkompetenzen.

4. Für welche Art von Produkten und Dienstleistungen könnten diese Kernkompetenzen sonst noch eingesetzt werden? Wo sind ähnliche Kompetenzen wichtig?

Ein Pizzakurier ist typischerweise nur über die Mittagszeit und am Abend voll ausgelastet. Am Morgen sowie am Nachmittag stehen die Auslieferungsmotorräder auf dem Parkplatz. Der Betreiber überlegt sich, welche Dienstleistungen er sonst noch – ausgehend von seinen Kernkompetenzen – anbieten könnte.

Der Pizzakurier hat folgende kritische Fähigkeiten zusammengetragen:
- *Bestellungen schnell und fehlerlos aufnehmen*
- *Zubereiten von guten Pizzen*
- *Auslieferung innerhalb von 30 Minuten im Stadtgebiet*
- *Anbieten einer breiten Produktpalette*
- *Einfache Zahlungsabwicklung*

Er bewertet jede der kritischen Fähigkeiten mit den fünf Merkmalen der Kernkompetenzen und kommt zum folgenden Bild:

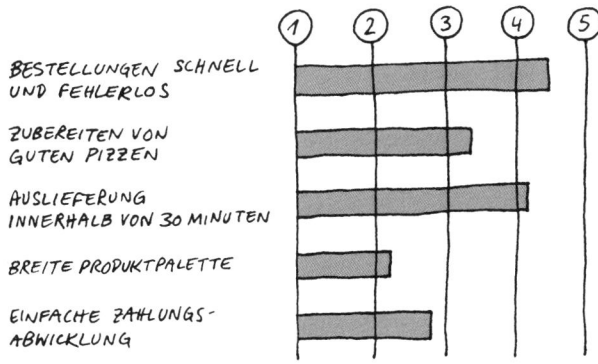

Der Kurier hat die zwei Fähigkeiten „Bestellungen schnell und fehlerlos aufnehmen" und „Auslieferung innerhalb von 30 Minuten" als seine Kernkompetenzen definiert.

Der Pizzakurier überlegt sich, in welchen Bereichen sonst noch eine schnelle Bestellungsaufnahme sowie eine rasche Auslieferung notwendig ist. Er evaluiert folgende Suchfelder:
- *Auslieferdienst für Apotheken*
- *Lieferung von Ersatzteilen*
- *Lieferung von Büromaterial*

Welche sind die kritischen Fähigkeiten Ihres Unternehmens und welche sind Ihrer Meinung nach die daraus resultierenden Kernkompetenzen?

Kritische Fähigkeiten (4–6) **Kernkompetenzen (2–3)**

Kundennutzenorientierte Suchfeldbestimmung

Zahlreiche Suchfelder finden sich auch im Umfeld der eigentlichen Markt-leistung. Eine Möglichkeit, solche Suchfelder zu identifizieren, ist die Kun-dennutzen-Matrix. Diese basiert auf der Tatsache, dass Kunden bei der Nutzung eines Produkts oder einer Dienstleistung verschiedene Prozess-schritte durchlaufen. Von der Information über die Dienstleistung bis hin zur Nutzung und Bezahlung werden mehrere Handlungen vollzogen. Das Ziel der Methode ist es, Ansatzpunkte für innovative Lösungen zu finden, welche die Kunden bei der Ausübung dieser Handlungen unterstützen und ihnen dadurch mehr Nutzen stiften.

Eine Kundennutzen-Matrix wird in zwei Schritten erstellt:
1. Im ersten Schritt wird der Prozess aus Kundensicht systematisch darge-stellt. Was „erleben" Kunden, wenn sie eine Dienstleistung beziehen oder ein Produkt nutzen?
2. Im zweiten Schritt werden folgende Fragen gestellt:
   - ▦ Wo kann man für die Kunden etwas vereinfachen?
   - ▦ Wie kann man ihnen mehr Nutzen stiften?
   - ▦ Wo kann man ihre Risiken reduzieren/minimieren?
   - ▦ Besteht die Möglichkeit, mehr Spaß und Unterhaltung einzubauen?
   - ▦ Was würde die Kunden begeistern?

Abbildung 6: Kundennutzen-Matrix am Beispiel eines Hotels

Jedes einzelne Feld ist ein Suchfeld für Innovationen.

Phase 2: Ideengewinnung

„Der beste Weg, eine gute Idee zu haben ist, viele Ideen zu haben.“

Linus Carl Pauling, zweifacher Nobelpreisträger

Quellen und Methoden der Ideengewinnung

In der Literatur und in der Praxis findet sich eine große Anzahl unterschiedlicher Methoden und Quellen der Ideengewinnung. Einige Methoden der Ideengewinnung beruhen auf unternehmensinternen Quellen, während andere auf externe Quellen zielen, wie die folgende Tabelle zeigt.

	Intern	Extern
Ideen entwickeln	**Ideengenerierung** ▓ Kreativitätstechniken	**Einbezug Dritter** ▓ Kunden- oder Expertenworkshops ▓ Kundenbeobachtung ▓ Open Innovation
Ideen sammeln	**Informationssysteme** ▓ Vorschlagswesen, Ideenmanagement ▓ Ideenwettbewerbe ▓ Kundenreklamationen	**Marktbeobachtung und Benchmarking** ▓ Konkurrenzanalysen ▓ Marktforschung, Trendstudien ▓ Referate, Kongresse, Seminare, Messen ▓ Fachliteratur

Tabelle 4: Quellen und Methoden der Ideengewinnung

Es ist wichtig, zu Beginn eine große Anzahl von Ideen zusammenzutragen. Dies zeigt eine Studie des Beratungsunternehmens Kienbaum: Aus rund 1900 fixierten Erstideen der befragten Unternehmen wurden in einem ersten Bewertungsschritt drei Viertel aller Ideen gleich verworfen. Nur gut 520 wurden in Form von größeren und kleineren Projekten weiterverfolgt. Aus diesen 520 Projekten entstanden 180 Produkte, die im Markt lanciert wurden. Rund 50 Produkte konnten sich eine längere Zeit auf dem Markt halten, aber nur 11 Produkte waren wirklich erfolgreich. Die restlichen 41 waren verlustbringend oder mäßig erfolgreich.

Nimmt man diese Studie als Maßstab, würde dies bedeuten: Für jedes erfolgreiche Produkt oder jede erfolgreiche Dienstleistung müssen rund 170 Erstideen gewonnen werden!

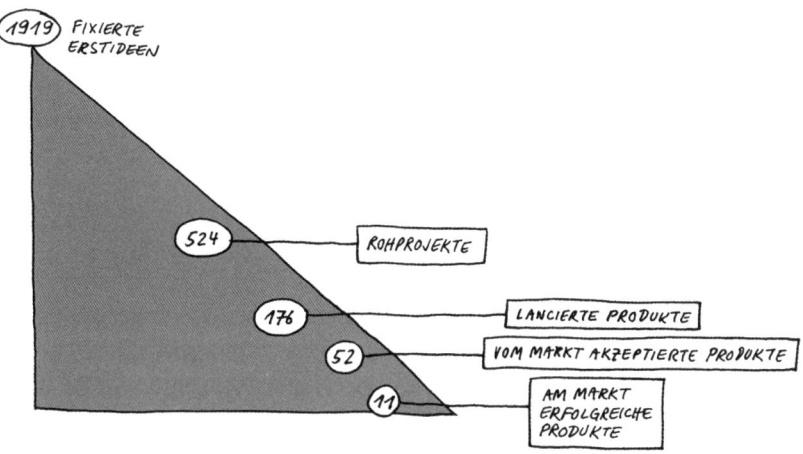

Abbildung 7: Verhältnis von fixierten Erstideen und erfolgreichen Produkten

Kreativitätstechniken

Neben den allgemein bekannten Kreativitätstechniken wie Brainstorming und Mind-Mapping gibt es eine große Anzahl weiterer Methoden, um den Ideen auf die Sprünge zu helfen. Viele dieser Techniken sind effektiver als die oft unstrukturiert durchgeführten Brainstormings.

Es gibt intuitiv-spontane Methoden, die viel Raum für Fantasie offen lassen. Mit schöpferisch-konfrontativen Methoden werden oft sehr unkonventionelle Ideen generiert. Systematisch-diskursive Methoden führen durch den klaren Fokus oft zu schnell umsetzbaren Lösungen.

Intuitiv-spontane Methoden	Schöpferisch-konfrontative Methoden	Systematischdiskursive Methoden
▨ Brainstorming	▨ Synektik	▨ Osborn-Checkliste*
▨ Brainwriting / 6-3-5*	▨ Semantische Intuition*	▨ Morphologischer Kasten*
▨ Galerietechnik	▨ Reizwortanalyse*	▨ SIL-Methode
	▨ Umkehrtechnik*	▨ Funktionsanalyse
	▨ Bionik*	

* Diese Methoden werden im Buch behandelt.

Tabelle 5: Einordnung der kreativen Methoden

Brainwriting- / 6-3-5-Technik

Die Brainwriting-Technik kann als eine verbesserte Variante des Brainstorming bezeichnet werden. Der Unterschied besteht darin, dass während des Brainwriting nicht gesprochen wird. Die Teilnehmer schreiben ihre Ideen auf, anstatt sie mündlich im Plenum zu äußern.

Die Technik ist auch als 6-3-5-Methode bekannt. In seiner ursprünglichen Form haben sechs Teilnehmer jeweils drei Blätter erhalten und jedes Blatt wechselte fünfmal den Besitzer.

Abbildung 8: Brainwriting-Vorlage

Vorgehen

1. Jeder Teilnehmer erhält drei Blätter. Auf jeder Blattvorlage gibt es sechs Felder.
2. Jede Person schreibt in das erste Feld jedes Blattes jeweils eine Idee und reicht die Blätter dann im Uhrzeigersinn an die nächste Person weiter.
3. Der Empfänger liest die bereits aufgeschriebenen Ideen, lässt sich davon inspirieren und versucht die Ideen weiterzuentwickeln und darauf aufzubauen. Dieser Vorgang wird fünfmal wiederholt, bis alle Kästchen auf den Blattvorlagen ausgefüllt sind.
4. Die Blätter werden anschließend eingesammelt, gemischt und wieder verteilt. Das Mischen hat den Vorteil, dass danach niemand mehr weiß, wer welche Idee aufgeschrieben hat. Denn oft wird die Qualität einer Idee am Ideengeber gemessen.
5. Die Blätter werden wieder verteilt und die Teilnehmer machen eine erste Grobauswahl. Alle schreiben jene Ideen auf Moderationskarten, die ihnen am besten gefallen. Jede Person schreibt etwa zwei bis fünf Ideen auf.
6. Diese Ideen werden gesammelt und präsentiert. Jeder Teilnehmer heftet dabei seine Ideen an die Pinn- oder Packpapierwand und erläutert diese kurz.

Tipp

Brainwriting / 6-3-5 kann auch mit mehr als sechs Personen durchgeführt werden. Es wird dann nicht jeder Teilnehmende jedes Blatt bearbeiten. Aber letztlich geht es darum, möglichst viele Ideen zu finden und nicht darum, dass jeder jedes Blatt bearbeitet hat.

Vor- und Nachteile

+ Brainwriting ist sehr effizient. Bei sechs Teilnehmenden entstehen innerhalb von weniger als zehn Minuten 108 Ideen (6 Teilnehmende x 3 Blätter x 6 Felder).

+ Die Ideen sind von der Person getrennt. Bei mehreren Teilnehmenden ist es nur schwer nachvollziehbar, wer welche Ideen generiert hat.

+ Jede Person kann respektive muss sich einbringen. Introvertierte Personen können sich ebenso intensiv einbringen wie extravertierte.

− Die Technik – wie auch das Brainstorming – ist nur begrenzt kreativ, da es sich dabei meist um Aufzählungen von bereits Bekanntem handelt.

Einsatzmöglichkeiten

Das Brainwriting eignet sich für unterschiedliche Fragestellungen. Es passt sehr gut bei Gruppengrößen zwischen sechs und zwölf Teilnehmenden. Bei dieser Teamgröße ist ein strukturiertes Brainstorming bereits schwierig, da nicht alle Teilnehmenden ausgewogen zu Wort kommen. Es empfiehlt sich, einen Kreativitätsworkshop mit Brainwriting zu beginnen, damit alle im Raum stehenden Ideen abgeholt werden.

Mit den folgenden Techniken können Sie Ideen generieren, die vielleicht etwas weniger „auf der Hand" liegen.

Reizwortanalyse

Die Reizwortanalyse ist eine Technik, die die Bezeichnung „kreativ" wirklich verdient! Diese Methode, oft auch Zufallswort- oder Random-Input-Technik genannt, ist eine typische Konfrontationstechnik: Die Gruppe setzt sich bewusst einem zufällig gewählten Reizwort aus und versucht anhand dieses Wortes Ideen zur Fragestellung zu generieren.

Setzt man sich diesem Reiz aus, macht das Gehirn einen Gedankensprung und dies führt zu teilweise sehr ungewöhnlichen Ideenansätzen. Dieser Gedankensprung entsteht, indem man eine Verbindung zwischen Reizwort und Fragestellung herstellt, wo es eigentlich gar keine Verbindung gibt. Sie zwingen also Ihr Gehirn förmlich dazu, eine Verbindung – sprich: Idee – herzustellen.

Es ist wichtig, dass das Reizwort zufällig gewählt wird. Es darf nicht zu nah am Thema liegen, zu dem Ideen gesucht werden. Ein Reizwort aus der Zeitung oder im Lexikon zu finden ist nur beschränkt zu empfehlen. Es fällt schwer, zu einem Reizwort wie „derivative Finanzinstrumente" Ideen zu suchen. Eine Liste mit einfachen Worten wie in Tabelle 6 schafft Abhilfe. Oft ist es einfacher, zu den Attributen des Reizwortes Ideen zu suchen, als zum Reizwort selbst.

1. Radio	21. Leiter	41. Tänzer
2. Tasche	22. Büro	42. Magnet
3. Fußball	23. Hamburger	43. Krawatte
4. Spaghetti	24. Diskothek	44. Museum
5. Rose	25. Foto	45. Kokosnuss
6. Schuh	26. Wurzel	46. Pilz
7. Auto	27. Zigarette	47. Politikerin
8. Zoo	28. Wolke	48. Tiger
9. Monster	29. Diplomat	49. Schaum
10. TV	30. Rasierklinge	50. Telefon
11. Elefant	31. Zauberer	51. Segelschiff
12. Tagebuch	32. Benzin	52. Krankenhaus
13. Feuerwerk	33. Zebra	53. Waage
14. Kaffee	34. Nase	54. Ferien
15. Bettlerin	35. Salz	55. Baumwolle
16. Fotokopierer	36. Ärztin	56. Schnecke
17. Schauspieler	37. Staubsauger	57. Versicherung
18. Satellit	38. Strauß	58. Kirche
19. Hund	39. Zunge	59. Adler
20. Bleistift	40. Tresor	60. Brücke

Tabelle 6: Beispiel für eine Reizwortliste

Ein Unternehmen sucht nach einer witzigen Weihnachtskarte für seine Kunden. Nach dem Zufallsprinzip – zum Beispiel dem Stand des Sekundenzeigers – wird der Begriff „Benzin" aus der Reizwortliste ausgewählt. Vier charakteristische Merkmale des zufällig gewählten Begriffs werden auf ein Flipchart geschrieben:

- explosiv
- geruchvoll
- Energie spendend
- flüssig

Die Teilnehmer versuchen, zwischen dem Thema „Weihnachtskarte" und jedem Merkmal Verbindungen herzustellen. Ihnen fallen folgende Ideen zu den Attributen „explosiv", „Energie spendend", „geruchvoll" und „flüssig" ein:

- Explosiv: Eine Tischbombe, die Weihnachtswünsche ausspuckt, wenn sie explodiert.
- Geruchvoll: Eine Weihnachtskarte, die nach Tannenharz riecht und so vorweihnachtliche Gefühle versprüht.
- Energie spendend: Eine Karte in Form eines Wärmebeutels, an dem in kalten Wintertagen die Hände aufgewärmt werden können.
- Flüssig: Eine dekorative Weinflasche als „Umschlag" für die Weihnachtskarte.

Dieser Vorgang kann mit einem oder zwei weiteren Zufallswörtern wiederholt werden. Acht bis zehn Minuten sollten für ein Zufallswort ausreichend sein.

Vor- und Nachteile

+ Eingeschliffene Denkstrukturen werden verlassen.

− Eine strikte Führung durch einen geübten Moderator ist notwendig.

+ Die Technik ist besonders effektiv, wenn zu einem Thema komplett neue Ideen gesucht werden.

− Teilnehmende sind oft zunächst skeptisch und glauben nicht, dass die Technik wirklich funktioniert.

+ Die Methode macht Spaß, da wirklich neue und überraschende Ideen gefunden werden.

Einsatzmöglichkeiten

Die Reizwortanalyse eignet sich vor allem, wenn zu einem Thema völlig neue Überlegungen nötig sind. Eine Reizwortanalyse sollte immer erst nach einem Brainstorming oder einem Brainwriting eingesetzt werden. Wenn Sie sofort mit der Reizwortanalyse einstiegen, würden viele naheliegende Ideen nicht genannt und einige Teilnehmende wären möglicherweise mit dieser Methode überfordert.

Semantische Intuition

Semantik ist die Lehre von der Bedeutung der sprachlichen Zeichen. Die Semantische Intuition ist eine intuitive Kreativitätstechnik, bei der durch eine zufällige Kombination von zwei Wörtern neue Ideen generiert werden.

Im Normalfall sucht man erst eine Produktidee bzw. eine Lösung und danach einen Namen, der zum neuen Produkt passt. Bei der Semantischen Intuition wird die Reihenfolge umgekehrt. Das heißt, per Zufall werden zwei Wörter aus einer vorbereiteten Liste gewählt. Man stellt diese Liste aus 20 bis 30 Hauptwörtern zusammen, die zu dem der Fragestellung entsprechenden Anwendungsgebiet gehören. Die beiden ausgewählten Begriffe werden nun zu einem Kunstnamen kombiniert. Durch den Kunstnamen wird intuitiv eine bildhafte Vorstellung hervorgerufen, auch bei neuartigen Begriffen.

Es ergeben sich folgende Fragen:
- Wie könnte ein Produkt mit diesem Namen aussehen?
- Was ist der Nutzen dieses Produktes?
- Wo könnte das Produkt eingesetzt werden?
- Welche Zielgruppe hätte dieses Produkt?
- etc.

Ein Unternehmen sucht neue Produkte aus dem Umfeld des Fahrradzubehörs. Die Begriffsliste könnte wie folgt aussehen:

1. Rad	6. Kette	11. Flasche	16. Werkzeug
2. Schloss	7. Rucksack	12. Gummi	17. Ventil
3. Lenker	8. Ständer	13. Messer	18. Pumpe
4. Bremse	9. Energie	14. Pedal	19. Speiche
5. Ersatz	10. Flüssigkeit	15. Schraube	20. Klingel

Kunstwort 1:

Durch Zufall werden zwei Begriffe ausgewählt. Werden nun zum Beispiel Nummer 7 (Rucksack) und Nummer 17 (Ventil) gewählt, heißt das Kunstwort „Rucksack-Ventil" oder „Ventil-Rucksack".

Mögliche Idee für ein „Rucksack-Ventil": Ein Fahrradrucksack aus Gummi, der dehnbar ist. Für eine größere Fahrradtour kann der Rucksack aufgeblasen bzw. ausgeweitet werden. Für eine kleine Tour kann Luft herausgelassen werden und der Rucksack wird flacher und aerodynamischer.

Kunstwort 2:

Die Begriffe Schloss (2) und Flasche (11) werden zu „Schloss-Flasche" oder „Flaschen-Schloss".

Mögliche Idee für eine „Schloss-Flasche": Die Trinkflasche wird mit einer Nylonschnur an der Flaschenhalterung angebunden. Dies verhindert, dass sie gestohlen wird.

Vor- und Nachteile

+ Die Semantische Intuition ist eine einfache, anschauliche und effiziente Methode.

+ Die Methode stimuliert das Gehirn optimal.

+ Es macht Spaß, die Kunstworte zusammenzustellen und sich Anwendungsmöglichkeiten vorzustellen.

− Der Nutzen der Technik ist oft erst auf den zweiten Blick sichtbar.

− Die Technik eignet sich nicht für jede Fragestellung.

Einsatzmöglichkeiten

Die Semantische Intuition eignet sich hervorragend, wenn neue Produkte innerhalb einer Produktfamilie oder für ein bestimmtes Anwendungsgebiet gesucht werden, zum Beispiel Kosmetikprodukte, Küchengeräte, Bürozubehör etc.

Umkehrtechnik

Die Umkehrtechnik ist auch unter den Bezeichnungen Kopfstandmethode, Reversion oder Dialektik bekannt. Ihre Grundidee besteht darin, einen bewussten Rollentausch herbeizuführen, der den Blick für neue Ideen öffnet. Dabei wird die Problemfrage auf den Kopf gestellt, also ins Gegenteil gekehrt. Darauf folgt ein Brainstorming zur Ideenfindung für die umgekehrte Problemstellung. Durch die Auseinandersetzung mit den Gedanken und Ideen der konträren Problemstellung werden eingefahrene Sichtweisen aufgelöst.

Abbildung 9: Umkehrtechnik

Der Geschäftsführer eines Restaurants hat sich entschlossen, für zwei Wochen eine Sushi-Promotion durchzuführen, um die Gästefrequenz zu erhöhen.

Die Fragestellung wird auf den Kopf gestellt: „Wie erreichen wir, dass niemand erfährt, dass es bei uns Sushi gibt?"

Es wird nun zu dieser umgekehrten Fragestellung nach Ideen gesucht:
- Gäste im Vorfeld nicht auf die Aktion aufmerksam machen.
- Mitarbeitende bestrafen, die über die Sushi-Wochen sprechen.
- Türen und Fenster des Lokals verbarrikadieren.
- Keine Werbung machen.
- Die Lokalzeitung nicht informieren.
- etc.

Die gefundenen, negativen Ideen werden anschließend in positive Ideen umformuliert:
- Gäste im Lokal auf Sushi-Wochen aufmerksam machen, zum Beispiel mit einem Gratis-Häppchen.
- Eine „Mitarbeiter-werben-Gäste-Aktion" starten. Alle Mitarbeitenden, die einen Gast zum Besuch animieren, erhalten eine Belohnung von 5 Euro.
- Restaurant am Wochenende 24 Stunden geöffnet.
- Werbung an ungewöhnlichen Orten machen.
- Journalisten zu einem Gratis-Abendessen einladen.
- etc.

Vor- und Nachteile

+ Die Umkehrtechnik bringt oft ganz einfache und praktikable Lösungen an den Tag.	− Die Methode erschöpft sich relativ schnell.
+ Sie öffnet eine neue Sichtweise auf die Fragestellung.	− Der Raum für wirklich neue, kreative Ideenansätze ist erfahrungsgemäß eher bescheiden.

Einsatzmöglichkeiten

Die Kopfstandtechnik ist für unterschiedliche Fragestellungen geeignet. Sie eignet sich auch gut als Auflockerung zwischen zwei anspruchsvollen Techniken.

Osborn-Checkliste

„Nicht mit Erfindungen, sondern mit Verbesserungen
macht man ein Vermögen.“

Henry Ford

Wie einleitend bereits erwähnt, sind 90 Prozent aller Innovationen Verbesserungen von bestehenden Produkten, Dienstleistungen oder Prozessen. Nur gerade zehn Prozent sind radikale Innovationen.

Die nach Alex Osborn benannte Checkliste eignet sich besonders zur Optimierung bereits eingeführter Produkte, Dienstleistungen oder Prozesse und weniger zum Auffinden einer völlig neuen Lösung. Im Zentrum steht das systematische Hinterfragen einer bestehenden Lösung.

Die Fragen nach Alex Osborn

- **Vergrößern?** Was kann man hinzufügen? Es widerstandsfähiger machen? Größer? Länger? Dicker? Schwerer?
- **Verkleinern?** Was ist entbehrlich? Was kann man weglassen? Kann man es kleiner machen? Kompakter? Niedriger? Kürzer? Flacher? In seine Einzelteile zerlegen?
- **Umformen?** Die Bestandteile neu gruppieren? Die Reihenfolge verändern? Ursache und Wirkung vertauschen? Die Geschwindigkeit verändern?
- **Andere Anwendungen?** Für andere Personen oder Zielgruppen? Andere Anwendungsmöglichkeiten durch das Verändern des Objektes?
- **Anpassen?** Wem ähnelt es? Welche anderen Ideen suggeriert es? Gibt es Parallelbeispiele? Was könnte man davon übernehmen?
- **Verändern?** Ihm eine neue Form geben? Den Zweck verändern? Die Farbe, den Ton, den Geruch, das Aussehen verändern?
- **Ins Gegenteil umdrehen?** Wie kann man das Gegenteil des Gewünschten erreichen? Das Untere nach oben bringen? Die Rollen tauschen? Die Position der Personen ändern? Die Reihenfolge des Ablaufs neu ordnen?
- **Kombinieren?** Es mit einer Mischung versuchen? Einen Verbund machen? Eine Auswahl? Mehrere Objekte zu einem verbinden?

Überlegen Sie sich, was man bei einem Einkaufswagen alles verändern, anpassen, weglassen, vergrößern, kombinieren, verkleinern könnte, mit dem Ziel, daraus ein besseres Produkt zu kreieren.

Nehmen Sie sich zehn Minuten Zeit und listen Sie zehn Ideen für einen verbesserten Einkaufswagen auf:

Vor- und Nachteile

+ Die Osborn-Checkliste lässt sich sowohl in der Gruppe als auch alleine leicht anwenden.

+ Die Methode benötig weder große Vorbereitungsarbeiten noch den Einsatz von technischen Hilfsmitteln.

+ Das Vorgehen ist gut strukturiert.

− Einsatz nur für die Veränderung von bestehenden Produkten, Dienstleistungen oder Prozessen geeignet.

Einsatzmöglichkeiten

Es ist eine Methode zur Produkt-, Dienstleistungs- oder Prozessentwicklung auf der Grundlage bereits bestehender Lösungen.

Einsatzgebiete der Techniken

Die Einsatzmöglichkeiten der verschiedenen Techniken wurden bereits aufgeführt. Im Folgenden finden Sie eine Zusammenstellung aller Kreativitätstechniken und deren Einsatzgebiete.

− weniger geeignet
+ gut geeignet
++ sehr gut geeignet

Einsatzgebiete	Brainstorming	Brainwriting / 6-3-5	Reizwortanalyse	Semantische Intuition	Umkehrtechnik	Osborn-Checkliste
Neue Produkte	++	++	+	++	+	−
Neue Dienstleistungen	++	++	+	+	+	−
Verbesserung von Bestehendem	+	+	−	+	++	++

Einsatzgebiete	Brainstorming	Brainwriting / 6-3-5	Reizwortanalyse	Semantische Intuition	Umkehrtechnik	Osborn-Checkliste
Namensfindung	++	++	+	−	−	−
Technische Konstruktion	++	++	−	−	+	++
Organisatorische Themen	++	++	+	−	++	++

Tabelle 7: Einsatzgebiete ausgewählter Kreativitätstechniken

Einbezug Dritter

Nicht alle Ideen entstehen innerhalb des Unternehmens. Viele Impulse für Innovationen basieren auf externen Quellen. Auch Kunden und Lieferanten, externe Spezialisten, Mitbewerber oder branchenfremde Unternehmen können Ideengeber sein. Es gibt verschiedene Vorgehensweisen, um diese Quellen anzuzapfen.

Kundeneinbindung

Das Ziel der Kundeneinbindung ist es, die aktuellen und zukünftigen Kundenbedürfnisse aufzunehmen, um diese in den Innovationsprozess zu integrieren. Der kundenorientierte Innovationsprozess vermindert das Floprisiko von Innovationen. Auch aus akquisitorischen Gründen, wie zum Beispiel der Gewinnung von ersten Referenzkunden, lohnt sich die frühzeitige Kundeneinbindung.

Kunden können grundsätzlich in allen Phasen des Innovationsprozesses eine Rolle spielen. Die folgende Grafik (Abbildung 10) aus dem Investitionsgüterbereich zeigt, dass die Kundeneinbindung u-förmig über den Innovationsprozess verläuft. Der deutliche Schwerpunkt liegt bei der Markteinführung. Etwas geringer ausgeprägt ist die Einbindung beim Grob- und Umsetzungskonzept. Eine kontinuierliche Kundeninteraktion findet in den meisten Unternehmen jedoch nicht statt.

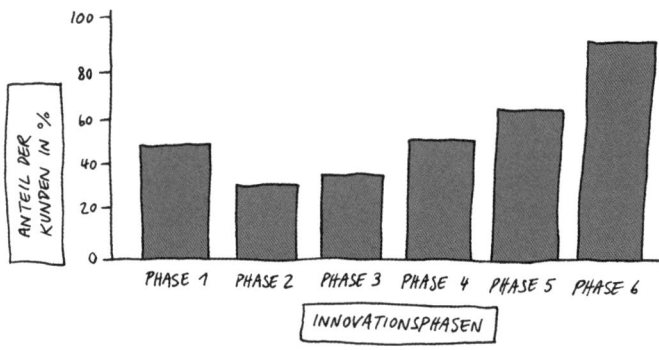

Abbildung 10: Typische Kundeneinbindung im Innovationsprozess

Verschiedene Studien zeigen, dass die frühzeitige Kundenorientierung positive Auswirkungen auf den Innovationserfolg hat. Diverse Autoren argumentieren, dass es wenig sinnvoll sei, Kunden zu Innovationen zu befragen, da es diesen meistens an Vorstellungsvermögen mangle oder sie sich an ein Produkt oder eine Dienstleistung derart gewöhnt hätten, dass sie gar keine Neuerungen wünschen. Bei radikalen Innovationen kann diese Argumentation zum Teil zutreffen. Bei Verbesserungs- und Routineinnovationen hingegen macht eine Kundeneinbindung Sinn und führt zu einer höheren Erfolgsrate.

Wenn es wenig sinnvoll erscheint, die Kunden persönlich zu befragen, ist die Beobachtung bei der Nutzung einer Dienstleistung oder dem Gebrauch eines Produkts eine mögliche Alternative.

Abbildung 11:
Kundenbeobachtung

Folgende Fragen sollten dabei beantwortet werden:

- Welches Problem hat die Kundschaft bei der Verwendung bzw. der Nutzung?
- Welche Arbeitsschritte und Bewegungen werden ausgeführt?
- Wo und wann wird gezögert?

Zur Dokumentation der Ergebnisse kommen Videoaufzeichnungen, Fotos und schriftliche Protokolle zur Anwendung. Die Auswertung und Interpretation der Ergebnisse gibt Aufschlüsse über mögliche Kundenprobleme oder mögliche Suchfelder für Innovationen.

Open Innovation

Ein aktuelles Thema im Zusammenhang mit der Integration von Kunden und Nicht-Kunden im Innovationsprozess ist „Open Innovation".

Open Innovation bedeutet, dass jede interessierte Person sich am Ideenfindungsprozess beteiligen kann. In den meisten Fällen werden Open-Innovation-Projekte durch das Internet unterstützt. Oft werden die Projekte als Wettbewerb ausgeschrieben im Sinne von: „Wie sieht dein Wunschhotel aus?" oder „Sag uns, welche Bankdienstleistung eine Bank im Jahr 2025 anbieten sollte". Der Vorteil von Open Innovation ist, dass sich die Teilnehmer aktiv mit dem Unternehmen und den Produkten auseinandersetzen. Auch hat ein Wettbewerb mit attraktiven Preisen einen großen PR-Effekt. Der Nachteil ist, dass es sehr aufwändig ist, die große Zahl an Inputs zu sichten und zu bewerten.

Tipp

Es gibt verschiedene webbasierte Open-Innovation-Plattformen, wo Unternehmen ein Projekt platzieren können und jedermann Ideen einreichen kann.

Deutsche Plattform: *www.atizo.com*
Englische Plattform: *www.innocentive.com*

Neben den öffentlichen Plattformen gibt es auch Ideenplattformen, die von Unternehmen initiiert wurden, wie zum Beispiel:
Tchibo: *www.tchibo-ideas.de*
Dell: *www.ideastorm.com*

Lead-User-Ansatz

Der Lead-User-Ansatz bedeutet, dass man nur die innovativsten Kunden in den Prozess einbezieht. Die Lead User sind sozusagen die Pioniere in ihrem Fachgebiet.

Ein möglicher Nachteil durch den ausschließlichen Einbezug von Lead Usern ist, dass die gewonnenen Erkenntnisse nicht auf die normale Kundschaft zutreffen. Oft ist es auch nicht ganz einfach, die „echten" Lead User zu identifizieren.

Informationssysteme

Ideen müssen nicht immer selber entwickelt werden, sondern können auch mit bestehenden Informationssystemen systematisch gesammelt werden.

Ideenmanagement

Verschiedene, meist größere Unternehmen sammeln und bewerten die Ideen ihrer Mitarbeiter systematisch. Ideenmanagement wird synonym mit dem älteren Begriff „betriebliches Vorschlagswesen" verwendet. Früher steckten die Mitarbeiter ihre Ideen in einen Briefkasten, der von Zeit zu Zeit geleert wurde. Heute ist Ideenmanagement oft softwaregestützt und intranetbasiert im Unternehmen eingerichtet. Eingereichte Ideen können sofort bewertet, ergänzt oder zur weiteren Abklärung weitergeleitet werden. Ein Vorteil des intranetbasierten Ideenmanagements ist, dass der Bewertungsprozess für die Ideengeber immer transparent bleibt und der Lauf der Idee nachverfolgt werden kann.

Tipp

Oft haben Unternehmen zwar ein Ideenmanagement, welches aber „inaktiv" ist, weil niemand wirklich dafür verantwortlich zeichnet.
Verschiedene Studien zeigen, dass Unternehmen, die ein funktionierendes Ideenmanagement betreiben, erfolgreicher sind als solche, die kein System haben oder dieses nicht pflegen.
Verschiedene Anbieter bieten spezielle Ideenmanagementsysteme an. Diese Softwarelösungen sind auch für KMU erschwinglich.

Mit dem Einsatz einer Software sprudeln die Ideen der Mitarbeiter jedoch nicht automatisch. Es ist wie mit allen Werkzeugen: Die Einführung und der richtige Einsatz sowie die Unterstützung und Motivation durch das Management sind die Faktoren, die über Erfolg und Misserfolg entscheiden.

Beschwerdemanagement

Eine wertvolle Quelle für Ideen sind Kundenreklamationen. Großunternehmen haben teilweise eigene Abteilungen, die sich ausschließlich damit befassen, diese zu sammeln, zu bearbeiten und auszuwerten. In KMU hingegen werden Reklamationen teilweise wenig systematisch gesammelt. Sie verzichten dann freiwillig auf eine Innovationsquelle. Kundenreklamationen sind wichtig, weil sie kritische Punkte und Verbesserungspotenziale beinhalten. Wo bekommt man schließlich sonst so konkrete Aussagen?

Marktbeobachtung

Beim Thema Marktbeobachtung bietet sich eine große Auswahl von unterschiedlichen Methoden an. Dazu gehören die klassische Marktforschung, Interviews, Desk Research, Messe- und Konferenzbesuch sowie Vergleiche mit Mitbewerbern. Auf diese Methoden wird hier nicht im Detail eingegangen.

Tipp

Trend-Newsletter sind eine weitere Fundgrube für neue Ideen. Oft kann ein neuer Trend oder eine innovative Idee zwar nicht eins zu eins kopiert werden. Es lohnt sich aber, sich als Unternehmen zu fragen:
- Was bedeutet diese Idee bezogen auf unser Unternehmen?
- Welche Aspekte dieser Idee können wir auf unsere Produkte übertragen?
- Können wir eine Idee vergrößern, verkleinern, umstrukturieren etc. , so dass sie auf unsere Themenstellung passt?

Es gibt eine Vielzahl von Trend-Newslettern. Hier zwei, die empfehlenswert sind:
www.trendwatching.com

Trendwatching ist einer der führenden Newsletter für globale Konsumtrends. Der Newsletter erscheint monatlich in englischer Sprache und ist attraktiv gestaltet. Besonders praktisch ist die große Datenbank, in der spezifisch nach unterschiedlichen Trends gesucht werden kann.

www.springwise.com
Springwise, ein Partnerunternehmen von Trendwatching, zeigt die neusten Geschäftsideen aus aller Welt. Der Newsletter ist eine erfrischende Inspiration für das eigene Geschäft. Ein starker Fokus liegt auf Dienstleistungsunternehmen.

Ideenfindungsworkshop

Viele Unternehmen führen regelmäßig interne Ideenfindungsworkshops durch. Der Umfang der Ideensuche bewegt sich vom zehnminütigen Einschub während eines Meetings bis hin zum dreitägigen extern durchgeführten Workshop. Wenn mehr als eine Stunde für die Ideensuche zur Verfügung steht, sind einige grundsätzliche Punkte zu beachten.

Allein oder im Team?
Soll allein oder in der Gruppe nach neuen Ideen gesucht werden? Wer ist kreativer, der Einzeldenker oder das Team?

Abbildung 12: Ideenfindung allein oder im Team

Verschiedene Studien belegen, dass ein Gruppen-Brainstorming nicht produktiver ist, als wenn jeder Teilnehmer allein für sich Ideen suchen würde. Der Vorteil eines Teams ist, dass zum verabredeten Termin auch tatsächlich ein Brainstorming durchgeführt wird. Allein nimmt man sich kaum einmal 30 Minuten Zeit für ein Einzel-Brainstorming. Die Gruppe fördert den Teamgeist und auch der Faktor Spaß hilft, neue Ideen zu generieren. Entsteht die Idee im Team, wird sie auch von allen aktiv unterstützt und vorangetrieben.

Diverse Studien zeigen folgende Vor- und Nachteile der Gruppenarbeit auf:

Vorteile der Gruppenarbeit	Nachteile der Gruppenarbeit
Das kollektive Wissen einer Gruppe ist größer als das Wissen Einzelner.	Eine Gruppe benötigt mehr Zeit, um zu einem Ergebnis zu gelangen.
Eine Idee wird besser akzeptiert, wenn die involvierten Personen an der Ideenfindung beteiligt waren.	Teilnehmende können sich gehemmt fühlen, Ideen zu äußern.
Die Gruppe deckt ein breiteres Spektrum ab.	Gruppendruck verhindert ungewöhnliche Denkansätze.
Risiken werden in der Gruppe fundierter bewertet.	Vorgesetzte oder starke Persönlichkeiten können die Gruppe dominieren.
Bei Weiterentwicklungen von Ideen fällt das Gruppenergebnis besser aus.	Wirklich innovative Ideen werden oft abgeschwächt oder versinken in einem Kompromiss.

Tabelle 8: Vor- und Nachteile der Gruppenarbeit

Die Erfahrung lehrt, dass der Wechsel zwischen Einzel- und Gruppenarbeiten zu guten Resultaten führt.

Gruppenzusammensetzung

Vorteilhaft ist eine Gruppengröße von acht bis zwölf Teilnehmern. Wenn es mehr als zwölf Teilnehmer sind, teilt man die Gruppe in Untergruppen auf. Wichtig ist, dass sich heterogene Teams aus verschiedenen Fachbereichen bilden. Bei einigen Fragestellungen lohnt sich das Hinzuziehen von externen Personen, die nicht mit der Themenstellung vertraut sind. Auch Teilnehmer aus dem eigenen Kundenstamm kommen als Ideengeber in Frage.

Workshopvorbereitung

Bereits bei der Ideenworkshopvorbereitung sollte man überlegen, wie das Resultat des Workshops aussehen soll. Sollen 20 grobe Ideenansätze auf Moderationskärtchen stehen oder drei detailliert ausgearbeitete Ideen beschrieben sein?

Der Workshop wird Schritt für Schritt mit den einzusetzenden Methoden und genauen Zeitangaben vorbereitet. Die Teilnehmer werden frühzeitig zum Ideenworkshop eingeladen und gleichzeitig können auch der grobe Ablauf sowie die Zielsetzungen bekannt gegeben werden. Diese Vorinformation betont die Wichtigkeit des Anlasses und die Teilnehmenden können sich bereits im Vorfeld mit der Fragestellung auseinandersetzen.

Es lohnt sich, bereits in der Einladung die „Spielregeln" bekannt zu geben. Dazu gehören Punkte wie: Keine Kritik während der Ideensuche, alle Ideen sind gefragt, das Mobiltelefon bleibt während des Workshops ausgeschaltet etc.

Durchführung und Moderation

Im Kreativitätsworkshop ist eine Moderation – möglichst von einer erfahrenen und neutralen Person – unerlässlich. Das Resultat hängt maßgeblich von der Führungs- und Steuerungsarbeit des Moderators ab.

Zu beachten sind während der Ideengenerierung folgende Grundsätze:

Flexible Arbeitsweise

Während der Ideensuche werden alle genannten Ideen sofort durch den Moderator auf Moderationskärtchen oder große Post-its geschrieben und auf einer Pinnwand visualisiert. Moderationskarten und Post-its haben den Vorteil, dass die Ideen immer wieder neu gruppiert und sortiert werden können. So ist man flexibler, als wenn die Ideen auf Flipcharts geschrieben werden.

Quantität vor Qualität

Zu Beginn ist es wichtig, möglichst viele Ideen zu finden. Die Qualität der Ideen wird erst in den späteren Schritten bewertet.

Phasentrennung

Die Phase der Ideenfindung und die Phase der Bewertung müssen getrennt sein. Das ist eine der am häufigsten missachteten Grundregeln während der Ideenfindung: Ideen werden oft automatisch – zumindest innerlich – sofort bewertet. Es braucht große Disziplin, die Ideen vorab neutral zu erfassen und erst im zweiten Schritt zu bewerten.

Akzeptanz

Alle genannten Ideen werden aufgeschrieben. Falls gewisse Ideen nicht berücksichtigt werden, kann dies zu Frustration und Demotivation der Teilnehmer führen.

Weiterentwicklung

Oft wird eine Idee mit hohem Potenzial kritisiert, weil sie zu zehn Prozent ein mögliches Risiko beinhaltet. Anstatt sich auf Schwächen zu konzentrieren, sollten die Stärken gesucht werden.

Zeitdruck

Etwas Zeitdruck bei der Ideensuche hat zwei Vorteile: Müssen die Teilnehmer unter Druck arbeiten, bleibt keine Zeit, die gefundenen Ideen zu kritisieren. Zudem entbindet ein klares Zeitlimit auch von der Verpflichtung, die Super-Idee zu finden, denn dies ist oft gar nicht möglich. Das Ziel der Ideengenerierung ist, eine Vielzahl guter Ideenansätze zu finden.

Bewegung

Die Teilnehmer sollten psychisch wie physisch in Bewegung bleiben. Einzelne Sequenzen können im Stehen abgehalten werden oder die Ideen werden von den Teilnehmern zwischendurch präsentiert. Auch kleine Auflockerungsübungen für Geist und Körper halten die Beteiligten frisch und motiviert.

Brainfood

Getränke und gesunde Snacks sollten während des ganzen Workshops zur Verfügung stehen. Ein leerer Magen denkt nicht gern – ein überfüllter allerdings auch nicht. Zu Brainfood gehört auch frische Luft. Kurzpausen und gutes Lüften des Raumes sind wichtig.

Timing
Die Ideensuche ist Kopfarbeit und ermüdet. Die Energiekurve der Teilnehmer fällt nach einigen Stunden. Je nach Ausgangslage und Zielsetzung empfiehlt es sich, einen Tagesworkshop in zwei Halbtage aufzuteilen.

 Welche Punkte sollten Sie bei einem Ideenfindungsworkshop in Ihrem Unternehmen sonst noch beachten?

Ideenkarte

Das Ergebnis der Phase „Ideengewinnung" ist ein Ideenpool mit einer Vielzahl unterschiedlicher Rohideen. Je nach Themenstellung und Zeitaufwand können so 50 bis 500 Ideen zusammenkommen. Für den nächsten Schritt ist es von Vorteil, alle gesammelten Ideen in gleicher Form aufzubereiten. So empfiehlt es sich, die Ideen auf Moderationskarten oder große Post-its zu schreiben.

Abbildung 13: Ideenpool mit Ideenkarten

Phase 3: Ideenauswahl und -bewertung

„Man muss nicht nur mehr Ideen haben als andere, sondern auch die Fähigkeit besitzen, zu entscheiden, welche dieser Ideen gut sind."

LINUS CARL PAULING, ZWEIFACHER NOBELPREISTRÄGER

Bevor Sie mit der Ideenbewertung beginnen, sollten Sie alle Ideen auf einer Pinnwand, einem Flipchart oder einer Packpapierbahn visualisieren. Es können sehr viele Ideen sein, die es zu evaluieren gilt.

Punktebewertung

Für die erste grobe Ideenauswahl empfiehlt sich ein mehrstufiges Verfahren, um von einer Vielzahl von Ideen zu wenigen, aussichtsreichen zu gelangen.

Schritt 1: Gleiches zu Gleichem

Wenn in mehreren Gruppen nach Ideen gesucht wird, so sind Doppelnennungen oft unausweichlich. Auch bei einem regulären Brainstorming kommen einzelne Ideen häufig mehrmals vor. Daher werden in einem ersten Schritt Doppelnennungen gruppiert oder aussortiert.

Schritt 2: Neuartig oder bekannt?

Bevor die besten Ideen ausgewählt werden, empfiehlt es sich, die Ideen mit hohem Neuigkeitswert (Radikalideen) separat darzustellen. Werden diese neuen Ideen nicht separat visualisiert, besteht die Gefahr, dass sie bei der Punktebewertung übersehen werden und untergehen. Es sind aber gerade die neuartigen Ideen, die oft ein hohes Potenzial beinhalten.

Schritt 3: Dot-mocracy

Die Auswahl der besten Ideen geschieht im dritten Schritt mittels der klassischen Punktebewertung. Jeder Teilnehmer kann eine gewisse Anzahl Klebepunkte auf die zu bewertenden Ideen verteilen. Bei einer Anzahl von acht bis zwölf Teilnehmern sind drei bis vier Punkte pro Person optimal. Es können gewisse Auswahlkriterien definiert werden, wie zum Beispiel:

- Umsetzbarkeit
- Strategie-Fit
- Marktgröße
- …

Dennoch bleibt es eine eher intuitive erste Bewertung.

Schritt 4: Aufteilung in drei Gruppen

Im vierten Schritt werden die mit Punkten bewerteten Ideen in drei Gruppen eingeteilt. Diese drei Gruppen können mit TOP, OK und OUT bezeichnet werden. Ziel ist es, aus all den gefundenen Ideen die etwa acht bis 15 TOP-Ideen herauszufiltern. Mit dieser Anzahl an Ideen lässt sich anschließend effizient weiterarbeiten.

TOP: Ideen mit drei und mehr Punkten. Diese Ideen werden weiter verfeinert und dokumentiert (ca. 5 – 15 % aller gefundenen Ideen).
OK: Ideen mit ein oder zwei Punkten. Diese Ideenansätze können je nach Bedarf mit anderen Ideen kombiniert oder für spätere Verwendungszwecke aufbewahrt werden (ca. 30 – 40 % aller Ideen).
OUT: Ideen ohne Punkte. Diese werden in der Regel nicht weiter betrachtet (über 50 – 60 % aller Ideen).

Schritt 5: Ideen ausformulieren

Wenn man die Ideenbeschreibung der TOP-Ideen ausformuliert, wird zum ersten Mal abschätzbar, ob sich eine Idee überhaupt umsetzen lässt. Die in Phase 2 (siehe S. 36) vorgestellte Osborn-Checkliste kann hier helfen, eine Idee zu „formen" und greifbarer zu machen. Die Idee kann anhand der Checkliste durchgegangen werden: Was kann man vergrößern? Was verkleinern? Kann etwas weggelassen werden? Was gehört sonst noch dazu? Was kann umstrukturiert werden?

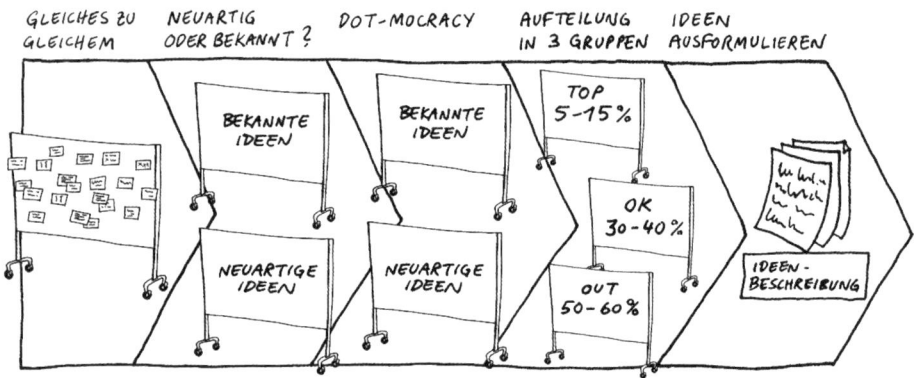

Abbildung 14: Einfaches Vorgehen für eine grobe Ideenauswahl

Dieses Vorgehen ist ein praktikables, einfaches und eher intuitives Verfahren. In der Regel dauert diese Bewertung etwa 30 bis 60 Minuten.

Ideenbeschreibung

Die Dokumentation bzw. Ideenbeschreibung ist der wohl wichtigste Schritt in der Ideenbewertung und -weiterentwicklung. Sie fasst alle vorangegangenen Schritte übersichtlich auf einem Blatt für das Entscheidungsgremium zusammen. Meistens entscheiden nicht nur die Teilnehmer eines Workshops darüber, welche Idee es letztlich in die Projektphase schaffen.

Um die Übersicht zu gewährleisten, wird jeweils eine Idee auf einem DIN A4-Blatt dokumentiert. Ziel eines Ideenworkshops ist es, die acht bis 15 besten Ideen dokumentiert zu haben.

In der Ideenbeschreibung können sowohl qualitative als auch quantitative Kriterien berücksichtigt werden, was eine ausgewogene Beurteilung der Idee zulässt.

Wenn es sinnvoll erscheint, kann mit der Ideenbeschreibung auch eine Skizze, eine Collage oder ein stark vereinfachter Prototyp erstellt werden. Oft wirken die Bildsprache oder ein Modell noch aussagekräftiger als die Beschreibung in Worten.

IDEENBESCHREIBUNG

Name der Idee		☐ Radikal ☐ Verbesserung ☐ Routine
Beschreibung der Idee (Evtl. Skizze auf der Rückseite)		
Kundennutzen		
Chancen dieser Idee		
Gefahren dieser Idee		

Umsetzbarkeit der Idee?	☐ sehr hoch	☐ hoch	☐ mittel	☐ gering	☐ sehr gering
Marktpotenzial?	☐ sehr hoch	☐ hoch	☐ mittel	☐ gering	☐ sehr gering
Notwendige Investitionen?	☐ sehr gering	☐ gering	☐ mittel	☐ hoch	☐ sehr hoch
Passt Idee zu unserer Strategie?	☐ sehr hoch	☐ hoch	☐ mittel	☐ gering	☐ sehr gering
Gesamtbeurteilung	☐ **sehr hohes Potenzial**	☐ **hohes Potenzial**	☐ **gewisses Potenzial**	☐ **kleines Potenzial**	☐ **sehr kleines Potenzial**

Fazit	

Tabelle 9: Beispiel für eine Ideenbeschreibung

Bewertung Ideenbeschreibung

Die Ideenbeschreibung dient nun als Grundlage für die eigentliche Ideenbewertung und die Priorisierung.

Am Anfang des Innovationsprozesses werden Ideen stärker nach qualitativen Kriterien bewertet. Eine Rohidee ist oft noch wenig fassbar und kaum mit Zahlenfakten zu bewerten. Erst im weiteren Verlauf des Bewertungsprozesses lässt sich eine Idee mit quantitativen Methoden bewerten.

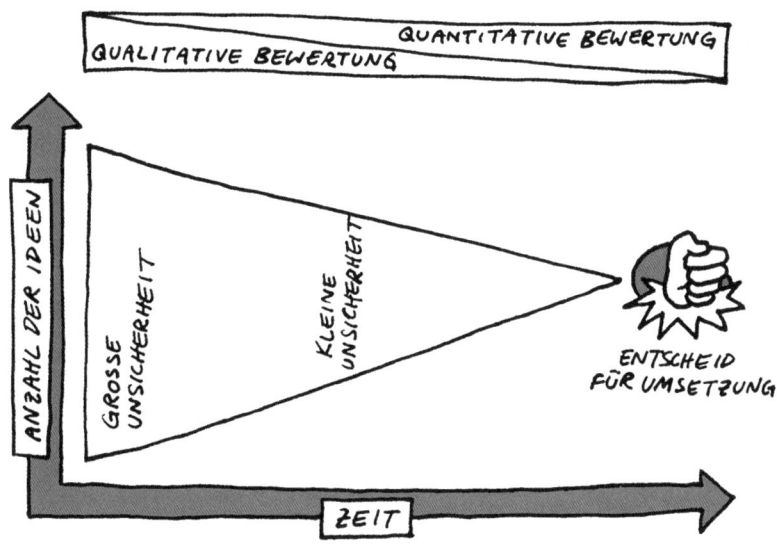

Abbildung 15: Von der qualitativen zur quantitativen Bewertung

Für die Bewertung und Priorisierung von Ideenbeschreibungen bieten sich der Paarvergleich oder das Ideenportfolio an. Letztendlich kann durch eine Gegenüberstellung der jeweiligen Ideen mit dem Strategie-Fit die Auswahl für die Weiterverarbeitung zu Hilfe genommen werden (zum Strategie-Fit siehe Phase 4 S. 110). Es empfiehlt sich, für die Bewertung das Management, externe Fachleute oder auch Kunden einzubeziehen.

Paarvergleich

Der Paarvergleich, auch Präferenzmatrix genannt, ist ein intuitives Bewertungsverfahren, das dazu dient, Projektideen miteinander zu vergleichen. Jede Idee wird dabei mit jeder anderen Idee verglichen und es wird festgelegt, inwiefern die eine besser oder wichtiger ist als die andere. Der Paarvergleich kommt auch oft zur Anwendung, wenn subjektive Kriterien erfasst werden sollen, wie zum Beispiel Schönheit: Welches Produkt ist schöner als welches andere? Oder Geschmack: Welcher Käse schmeckt besser als welcher andere?

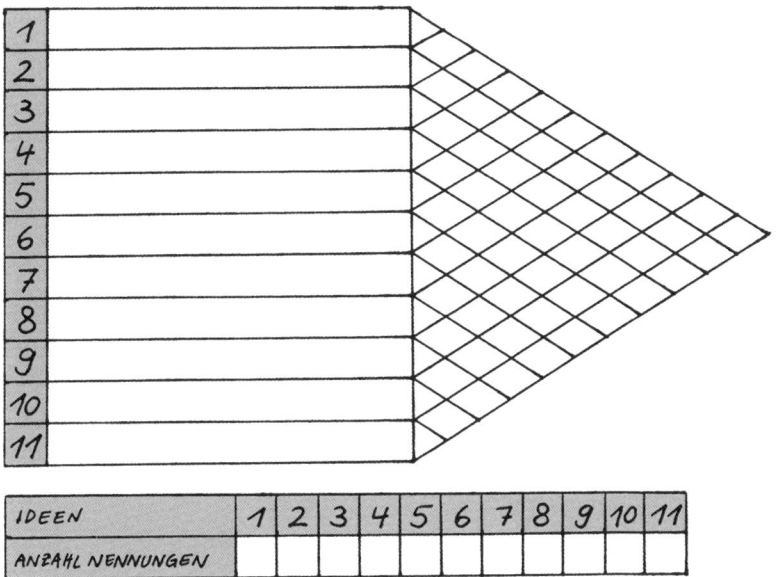

Abbildung 16: Vorlage Paarvergleich von unterschiedlichen Projektideen

Der Paarvergleich eignet sich als elegantes Bewertungsinstrument für die Priorisierung mehrerer Ideen in einem Team und/oder mit Kunden.

Mit dem Paarvergleich werden verschiedene Ideen für ein neues Getränk auf Milchbasis verglichen:

Vorgehen: *Zuerst wird Idee 1 mit Idee 2 verglichen. Findet der Bewertende, dass Idee 2 besser ist, schreibt er eine 2 in das entsprechende Feld im Rhombus. Nun wird Idee 2 mit Idee 3 verglichen. Ist Idee 3 besser, wird eine 3 in das zweite Feld eingetragen. Und so weiter. Am Schluss werden alle 1, 2, 3 etc. zusammengezählt. Die Getränkeidee mit den meisten Nennungen ist die bevorzugte Idee.*

Ideenportfolio

Im Ideenportfolio sind die Ideen nach zwei Kriterien einzuordnen:
1. **Neuigkeitsgrad:** Welchen Neuigkeitsgrad besitzt die Idee?
2. **Wirkung:** Welche Wirkung hat die Idee auf Produkte und Dienstleistungen oder auf die Prozessoptimierung?

Der Neuigkeitsgrad einer Idee wird wie die Innovationsarten in der Einleitung charakterisiert: Wir sprechen dabei von Radikal-, Verbesserungs- oder Routineideen.

Ideen besitzen unterschiedliche Wirkungen. Geht es um die Differenzierung von Marktleistung (Produkte und Dienstleistungen) und Prozessoptimierung (Vereinfachung von Abläufen oder Reduzierung von Schnittstellen), so wird zwischen Ertragsgenerierung und Kostenoptimierung unterschieden. Eine Idee kann in einem oder sogar beiden Bereichen Veränderungen bewirken.

Abbildung 17: Beispiel eines Ideenportfolios mit einer Neuigkeits-Wirkungs-Darstellung

Diese Bewertung ist für ein erfolgreiches Innovationsmanagement wichtig. Je nach Neuigkeitsgrad sind unterschiedliche Kompetenzen gefragt, damit in der weiteren Bearbeitung die richtigen Maßnahmen eingeleitet werden können.

Aus dem Ideenportfolio gewinnen wir folgende wichtige Erkenntnisse:
- Die Verteilung der Ideen im Wirkungsbereich wird ersichtlich (Ertragsgenerierung oder Kostenoptimierungswirkung).
- Die Verteilung der Ideen nach Differenzierungsgrad ist erkennbar. Je mehr Radikalideen, desto mehr wirkliche „Neuerungen" sind bei der Ideensuche gefunden worden.
- Deckt der Mix an Ideen das Themenfeld ab, um die gesetzten Ziele zu erreichen, oder ist die Verteilung zu einseitig?

Als Ergebnis wird eine Rangliste gemäß Neuigkeitsgrad der Ideen erstellt. Innerhalb dieser Zuordnung werden die Ideen wieder nach „TOP-Idee", „OK-Idee" und „OUT-Idee" bewertet, um die Rangfolge festzulegen. Dabei sollten nur etwa ein Drittel der weiter zu verfolgenden Ideen Routineideen sein.

Wirkungsbereich: Dienstleistung und Prozessoptimierungen

Rang	Radikalideen	Verbesserungs-Ideen	Routineideen
1	Idee D	Idee X	Idee G
2	Idee C	Idee I	Idee J
3	Idee B	Idee R	Idee L
4	Idee K	Idee E	Idee N
5	Idee H	Idee F	Idee O
6	Idee A	Idee U	Idee M
7			Idee Q
8			Idee Z
9			
	Als primär ausgewählte Ideen		

Tabelle 10: Ideenpriorisierung mit einer Rangliste

Zusätzliche Bewertung der Ideenbeschreibung

Am Anfang ist das Ziel, möglichst viele unterschiedliche Ideen zu generieren und eine gefüllte Rangliste zu erhalten. Wenn die Rangliste sehr einseitig mit Routineideen gefüllt ist, kann eine weitere Runde der Ideengenerierung gestartet werden, um weitere Radikal- oder Verbesserungsideen zu finden.

Wenn die Rangfolge nach der ersten Beurteilung nicht eindeutig ist, wird das Kriterium der Strategierelevanz hinzugenommen. Damit kommt nicht nur die Wichtigkeit in Form der Rangfolge, sondern auch die Dringlichkeit (Strategie) als Selektionskriterium zur Anwendung.

Strategierelevante Faktoren sind einerseits die Unternehmensziele, die Zeit bis zur Marktreife, Kernkompetenzen oder auch die maximale Investitionshöhe. Damit wird sichergestellt, dass nur die Ideen weiter verfolgt werden, welche die Unternehmensentwicklung wesentlich unterstützen.

Notieren Sie mögliche strategische Kriterien für eine weitere Selektion von Ideen, die in Ihrem Bereich sinnvoll sind!

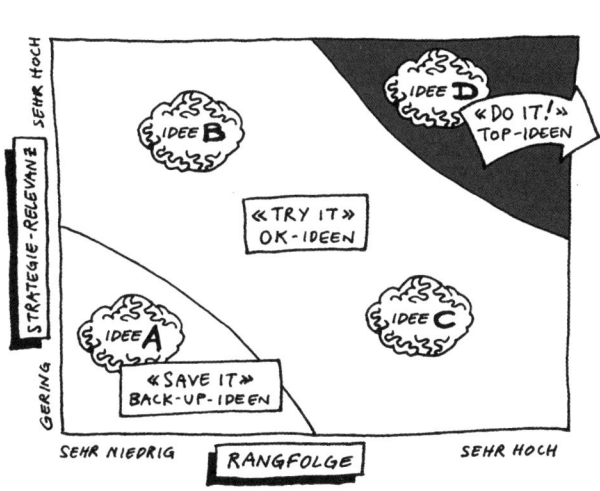

Abbildung 18: Strategierelevanz im Verhältnis zur Rangfolge

Nächste Schritte in der Auswahl von Ideenbeschreibungen:
1. Klarheit schaffen, welche strategischen Vorgaben im Innovations-management des Unternehmens in Bezug auf die Wirkung der Ideen bestehen. Liegt der Schwerpunkt in der Ertragssteigerung oder der Kos-tenoptimierung?

2. Differenzieren zwischen Radikal-, Verbesserungs- und Routineideen, indem diese für den weiteren Verlauf gekennzeichnet werden.
3. Strategie und Ressourcen prüfen. Welche und wie viele Ideen lassen sich innerhalb der Rahmenbedingungen (Zeit, Geld, Mitarbeiter) gleichzeitig weiterverfolgen?

Die ausgewählten Ideen werden im Rahmen der Grobkonzeption (Phase 4) detailliert ausgearbeitet. Die restlichen Ideen werden im Ideenpool aufbewahrt.

Tipp

Wenn keine Vorgaben bestehen, empfiehlt sich folgende Faustregel:
- Ertragssteigerung und Kostenoptimierung haben gleiche Priorität.
- $2/3$ der weiterzuverfolgenden Ideen sind Radikal- und Verbesserungsideen.
- $1/3$ sind Routineideen.
- Konzentration auf 10–20 Ideen ist im ersten Schritt sinnvoll.

Umsetzungsvorbereitung
Die Geschäftsleitung entscheidet aufgrund der Ideenbeschreibungen, welche Ideen sofort und welche später oder gar nicht umgesetzt werden. Sie kann an dieser Stelle nochmals einen Paarvergleich (siehe S. 55f.) durchführen.

Tipp

Denkbar ist, dass jedes Geschäftsleitungsmitglied selbst einen Paarvergleich vornimmt. Die unterschiedlichen Bewertungen der einzelnen Mitglieder werden anschließend zu einer gemeinsamen Bewertung zusammengezogen. Der Durchschnitt aller Bewertungen ergibt dann eine eindeutige Priorisierung.

Für die ausgewählten Ideen wird im nächsten Schritt das weitere Vorgehen beschrieben. Dies geschieht durch einen Auftrag zur Ausarbeitung von Lösungsvarianten in Form eines Grobkonzepts.

Phase 4: Grobkonzept

„Wer zu spät an die Kosten denkt, ruiniert sein Unternehmen. Wer immer zu früh an die Kosten denkt, tötet die Kreativität."

PHILIP ROSENTHAL, UNTERNEHMER

Die Grobkonzeptphase hat zwei Schwerpunkte. Einerseits werden die ausgewählten Ideen weiter bearbeitet, was eine kreative Tätigkeit darstellt. Andererseits werden Antworten auf unternehmerische und strategisch relevante Fragestellungen erarbeitet.

Die Erstellung eines Grobkonzepts ermöglicht das Innovationspotenzial der Idee zu quantifizieren und eine weitere Bewertung durchzuführen.

Innovationsarten

Die Unterscheidung der ausgewählten Ideen nach ihrem Innovationspotenzial erfolgt wie in der Einleitung beschrieben nach Radikal-, Verbesserungs- und Routineinnovationen.

Zur Vereinfachung wird im Folgenden nicht mehr von einer Idee, sondern von ihrem Innovationspotenzial gesprochen. In den weiteren Erläuterungen verwenden wir daher die Begrifflichkeiten der drei Innovationsarten.

Auf die Unterschiede im Umgang mit den Innovationsarten gehen wir im weiteren Verlauf ein. Relevant werden hier zum Beispiel die jeweilige Informationsverfügbarkeit und ihre Realisierungszeit, wie in Abbildung 19 dargestellt.

Die Bearbeitung von Routineinnovationen ist auf den ersten Blick trivial, da für eine Bearbeitung und Umsetzung ein breites Fachwissen im Unternehmen vorhanden ist. Erfahrungsgemäß werden aber auch hier bei der Konzepterstellung immer wieder neue Erkenntnisse gewonnen. So können die Mitarbeiter im Innovationsteam auch bei kleineren Veränderungen viele neue Umsetzungsideen einfließen lassen.

Verbesserungs- und Radikalinnovationen weisen ein höheres Informationsdefizit auf als Routineinnovationen. Es liegt in der Natur dieser Innovationsarten, dass weniger qualitativ hochwertige Informationen für eine ganzheitliche Beurteilung zur Verfügung stehen.

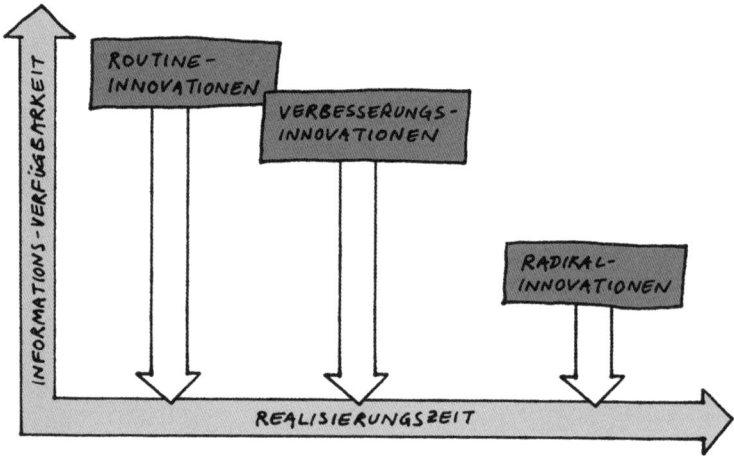

Abbildung 19: Unterschiede in der Informationsverfügbarkeit von Innovationsarten

Bearbeitungsaufwand

Der Bearbeitungsaufwand für die Konzepterstellung hängt gleichfalls von der Innovationsart ab. Radikalinnovationen benötigen meistens eine sehr intensive Bearbeitung in unterschiedlichen Fachbereichen, vor allem in der Entwicklung und dem Marketing. Bei Verbesserungsinnovationen kann teilweise auf bestehendes Wissen und gesicherte Informationen zurückgegriffen werden. Beide Innovationsarten besitzen einen höheren Bearbeitungsaufwand als Routineinnovationen, bei denen zum Beispiel die Fachexperten im Innovationsteam zum Großteil auf Bestehendes zurückgreifen können (Abbildung 20).

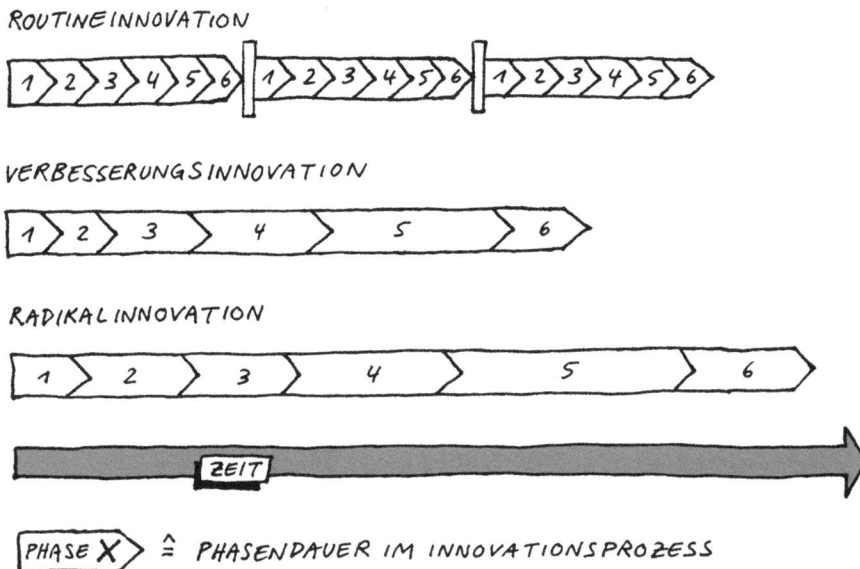

Abbildung 20: Unterschiedliche Intensität im Innovationsprozess

Beim Vorbereiten des Projektauftrags spielen die unterschiedlichen Bearbeitungstiefen eine wichtige Rolle. Oft spricht man von dualen Innovationsprozessen: Die Routineinnovationen durchlaufen dabei den Innovationsprozess in einer weniger ausführlichen Art und Weise als zum Beispiel die Verbesserungsinnovationen. Die Projektbearbeitungszeit ist wesentlich kürzer, das Projektteam kleiner, der Ressourcenaufwand geringer und die geforderte interdisziplinäre Zusammenarbeit weniger wichtig.

Die sinnvolle Bearbeitungstiefe eines Grobkonzepts leitet sich somit aus der Innovationsart ab und wird vom Management oder Leiter des Innovationsteams individuell festgelegt. Im Folgenden wird von einem eher hohen Bearbeitungsaufwand zur Detaillierung der Innovation ausgegangen.

Denken Sie an Innovationsprojekte in Ihrem Unternehmen. Notieren Sie mögliche Kriterien zur Identifikation von Intensitätsunterschieden im jeweiligen Projekt. Versuchen Sie die Projekte den Innovationsarten zuzuordnen.

Projektauftrag

Wenn die Zuordnung der Innovationsart klar ist, wird das weitere Vorgehen definiert und die Auftragsklärung vom Innovationsteam oder dem Leiter des Innovationsteams durchgeführt. Der Inhalt der Auftragsklärung bestimmt die Struktur und die durchzuführenden Tätigkeiten für die Grobkonzeptphase. Eine typische Struktur für ein Vorprojekt zur Erstellung des Grobkonzepts sieht wie folgt aus:

- Kurzbeschreibung der Innovation
- Rollenverteilung von Aufgaben, Kompetenzen und Verantwortung (Auftraggeber, Projektleiter, evtl. Steuerungsausschuss)
- Rahmenbedingungen
- Systemgrenze (was gehört zum Betrachtungsfeld, was wird ausgeschlossen)
- Ziele/angestrebter Zustand
- Erwartete Ergebnisse und Ergebnisform
- Angedachter Ressourceneinsatz
- Bereits bekannte Projektrisiken
- Besonderheiten aus dem Projektumfeld
- Phasen, Meilensteine, Termine
- Art und Weise des Vorgehens und Ergebnisreporting

Vergleichen Sie die aufgeführten Inhaltspunkte der Auftragsklärung mit den Vorgaben in Ihrem Bereich.
Notieren Sie hier möglichen Handlungsbedarf und die nächsten Schritte.

Die Auftragsdefinition in der Form eines Projektauftrags ist ein wichtiges Führungshilfsmittel für die Grobkonzeptentwicklung. Aufkommende Widerstände müssen geklärt werden und sind vom Auftraggeber wie auch Leiter des Innovationsteams ernst zu nehmen. Eine unvollständige Auftragsklärung kann zu Konfliktsituationen im weiteren Projektverlauf führen. Dies endet nicht selten mit dem Projektabbruch.

Innovationssteckbrief

Das Grobkonzept einer Innovation wird in einem Innovationssteckbrief zusammengefasst. Der Innovationssteckbrief ist ein Hilfsmittel, um die Innovationen für einen nächsten Entscheidungsschritt vergleichbar aufzubereiten. Er beinhaltet unternehmensspezifische Aspekte, die für die Umsetzung wichtig sind. Der Steckbrief erfordert eine ganzheitliche Sichtweise vom gesamten Innovationsteam, welche die positiven, aber auch die kritischen Aspekte des Projekts berücksichtigt.

Die Erstellung des Innovationssteckbriefs macht aus folgenden Gründen Sinn:

- Der Sprung von der Idee hin zum Businessplan oder zur konkreten Entwicklung beinhaltet zu viele Unsicherheiten. Für Ideen mit großem Innovationspotenzial stellt dies ein hohes Risiko für einen falschen Einsatz von Ressourcen dar.
- Es besteht die Gefahr, dass zu Beginn zu wenige Ideen weiter verfolgt werden. Die radikalen Ideen leiden unter dem Anspruch einer zu raschen Realisierungsgeschwindigkeit.
- Erst durch eine gewisse Konkretisierung der Ideen können die wirklich interessanten Innovationen beurteilt und selektiert werden.
- Die Ideen, welche bereits über einen sehr hohen Informationsgrad im Unternehmen verfügen, werden meist bevorzugt. Daher müssen auch die anderen Ideen so aufbereitet werden, dass sie einen ähnlichen Informationsgrad erhalten.

Die Ergebnisse des Steckbriefs dienen dem Innovationsteam zur Beurteilung der Attraktivität und des Risikos. Voraussetzung ist, dass

- die Steckbriefe bezüglich ihrer Innovationsart unterschiedlich betrachtet werden. Zum Beispiel werden Routineinnovationen nur mit Routineinnovationen und Radikalinnovationen nur mit Radikalinnovationen verglichen.
- pro Wirkungsbereich ein separates Portfolio erstellt oder mit unterschiedlichen Farben innerhalb eines Portfolios gearbeitet wird, wie zum Beispiel verschiedene Farben für neue Produkte, Prozesse, Geschäftsmodelle und Ertragsmechanismen etc.
- sich aus der Positionierung Schritte für das weitere Vorgehen ableiten lassen.

Der Inhalt eines Steckbriefs kann wie in Tabelle 11 aufgeführt gegliedert werden. Je nach Unternehmen und Branche sind Anpassungen sinnvoll.

Tabelle 11: Mögliche Kernfragen eines Innovationssteckbriefs

1. Beschreibung der Innovation und Ideenquelle
- Was sind die Hauptfunktionen und die Wirkung der Innovationen?
- Worin liegt der innovative Aspekt?

2. Marktpotenzial
- Welches sind die Zielmärkte, Marktsegmente und wie groß sind diese?
- Welches Marktpotenzial besteht?
- Woraus besteht das Differenzierungspotenzial?
- Wie sieht der Absatzprozess aus?
- Ist die Innovation im Markt umsetzbar?
- Was sind Aspekte für die Kaufmotivation der Kunden?
- Sind gewisse Kundengruppen erkennbar?

3. Wettbewerbssituation
- Was sind die Konsequenzen bei einer Nichtrealisierung?
- Ist damit die Wettbewerbsposition ausbaubar?
- Wie groß ist die Wettbewerbsintensität?
- Welche internen Marktvorbereitungen sind notwendig?

4. Geschäftsmodell
- Wie sieht das Geschäftsmodell aus?
- Welche Erfahrungen bestehen mit dem Geschäftsmodell?
- Was sind die Erfolgsfaktoren?

5. Standards/Gesetze/Richtlinien
- Welche Vorgaben sind zu erfüllen?
- Welche Erfahrungen haben wir darin?

6. Produkt-/Dienstleistungs-Konzept
- Wie lässt sich das Gesamtkonzept beschreiben?
- Welche Besonderheiten besitzt das Konzept?
- Wovon ist die erfolgreiche Umsetzung des Konzepts abhängig?

7. Patent-/Technologie-Check
- Wie sieht der Reifegrad der eingesetzten Technologien aus?
- Wie ist der Technologiezugang sichergestellt?
- Welche Potenziale und Risiken besitzen die Technologien?
- Wie sieht die Schutzsituation aus (Patente)?

8. Partner-Check
- Welche Partner sind für eine Konzeption und Umsetzung sinnvoll?
- Welche Form der Partnerschaft eignet sich?

9. Strategie-Fit/Realisierungskonzept
- Wie unterstützt die Innovation die Unternehmensstrategie?
- Wie sieht der Produktlebenszyklus aus?
- Wie passt die Leistung in das Produktsortiment?

10. Wirtschaftlichkeit
- Wie sieht die Wirtschaftlichkeitsentwicklung aus?
- Welche Investitionen sind in etwa notwendig?

11. Beilagen
- Beschreibungen, Berechnungen, Skizzen etc.

Marktpotenzial

Die Umsetzung einer Idee in eine erfolgreiche Innovation scheitert oft an der fehlenden Markt- und Kundenorientierung. Die Ursachen dafür sind vielfältig: Veränderte Kundenbedürfnisse, Marktdynamik, mangelhafte Berücksichtigung des Kunden bei den Entwicklungsvorgaben und später Einbezug von Verkaufsmitarbeitern können Gründe sein. Allen Aspekten gemeinsam ist, dass dem Benutzer oder Verbraucher im Verlauf des Innovationsprozesses zu wenig Aufmerksamkeit gewidmet wurde.

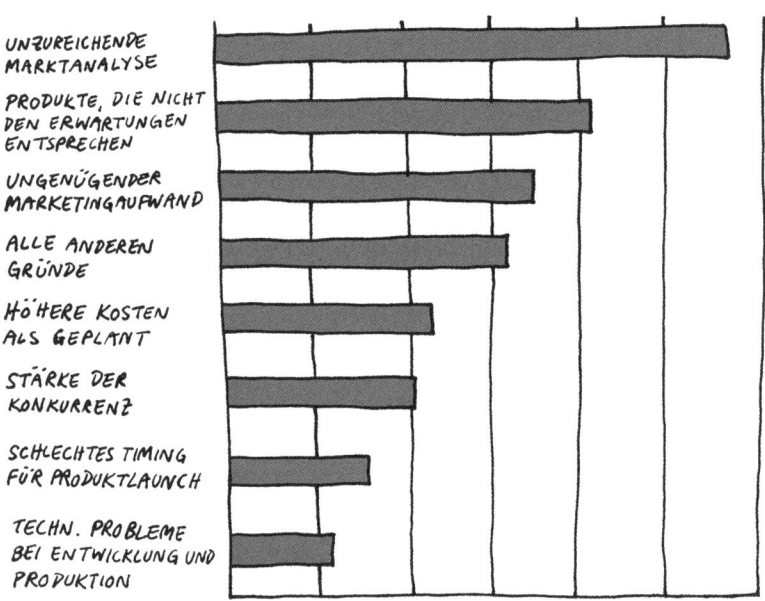

Abbildung 21: Hauptgründe für das Scheitern von Innovationsvorhaben

Der Aufbau des Markt- und Kundenverständnisses muss als eigener Entwicklungsprozess zur Meinungsbildung verstanden werden. Wie beim technischen Entwicklungsprozess werden schrittweise die zukünftigen Kunden und ihre Bedürfnisse identifiziert. Die Fachexperten aus den Bereichen Marketing, Produktmanagement, Service oder Verkauf sind daher aktiv in das Innovationsteam zu integrieren. Die traditionelle Marktforschung stößt bei Radikal- und Verbesserungsinnovationen oft an ihre Grenzen. Statistische Auswertungen, Erfahrungswerte und der einfache Zugang zu den wichtigen Marktinformationen sind meist nicht verfügbar.

Denken Sie an erfolgreich und weniger erfolgreich umgesetzte Innovationsprojekte. Wann und wie wurden der Markt und der Kunde im Innovationsprozess berücksichtigt? Welche Konsequenzen ergeben sich daraus für die laufenden Innovationsprojekte?

Die Auseinandersetzung mit neuen oder veränderten Marktanforderungen ermöglicht es, die zukünftigen Geschäftspotenziale weiterzuentwickeln. Ohne eine klare und dokumentierte Vorstellung über die relevanten Kunden können keine Anforderungen an die Konzeptentwicklung für Produkte oder Dienstleistungen abgeleitet werden. Die Techniker oder Ingenieure der Entwicklungsabteilung können wiederum diese Ansprüche aus ihrer Sicht nicht eigenständig ableiten. Zudem fehlt die Datenbasis für die notwendige Wirtschaftlichkeitsbetrachtung und Risikobeurteilung.

Informationsdienst Wissenschaft, 9. Januar 2007
Institut für angewandte Innovationsforschung e.V., Bochum:

„Innovationsflops kosten viel Zeit und Geld: 9 von 10 Produktinnovationen scheitern!

Innovationsprojekte scheitern, weil ... einseitige Technikorientierung anstatt Orientierung am Markt stattfindet, Over-Engineering betrieben wird, ungeklärte Zuständigkeiten herrschen ... Dies sind nur einige Aspekte, die bei der Befragung von 1200 Unternehmen des produzierenden Gewerbes identifiziert wurden."

Für die Konkretisierung des potenziellen Marktes und die Identifikation der Kundenbedürfnisse eignet sich das folgende Vorgehen in vier Schritten:

1. Marktübersicht gewinnen
2. Kunden richtig verstehen
3. Wettbewerbssituation beurteilen
4. Erfolgsfaktoren ableiten

Marktübersicht gewinnen

Jede Idee hat im Grundsatz einen Bezug zu einem Markt. Auch unternehmensintern existiert eine „Kunden-Lieferanten-Beziehung" mit unterschiedlichen Bedürfnissen und Erwartungen, wie zum Beispiel zwischen dem Verkauf und dem Servicebereich bei einem IT-Unternehmen. Bei der Ideenbeschreibung und anschließenden Selektion der Ideen spielt dies eine bedeutende Rolle. Für die Konzeptentwicklung und Umsetzungsvorbereitung einer echten Innovation reicht das Marktwissen in diesem Stadium nicht aus. Die Idee ist im nächsten Schritt bezüglich Gesamtmarkt, Marktsegment und Kundengruppe zu präzisieren.

Der Gesamtmarkt für Tee sind alle Menschen. Marktsegmente werden zum Beispiel durch eine geografische Gliederung gebildet (Europa Nord/Süd, Amerika Nord/Süd, etc.). Innerhalb der Segmente existieren Kundengruppen wie Babys, Jugendliche, Gourmets, die jeweils unterschiedliche Tee-Bedürfnisse haben.

Abbildung 22: Marktübersicht am Beispiel Tee

In der weiteren Bearbeitung mit internen und eventuell externen Marktexperten muss definiert werden, welche Teile des Marktes für die Innovation wirklich relevant sind. Erfahrungsgemäß ergeben sich bei der Auseinandersetzung mit einer Gesamtmarktfrage neue Betrachtungsweisen und Erkenntnisse. Neue Segmentierungskriterien können den Markt völlig anders darstellen (Abbildung 23). Diese Vertiefung ist ein wichtiger Bestandteil des internen Entwicklungsprozesses und für die Konkretisierung des Marktverständnisses notwendig. So kann sichergestellt werden, dass das Innovationsteam auch bei Marktaspekten über den „Tellerrand" hinausschaut. Daher werden folgende Fragen gestellt:

1. Wie kann der Gesamtmarkt grob beschrieben oder skizziert werden?
2. Welche Kriterien eignen sich, um den Markt in einem ersten Schritt sinnvoll grob zu segmentieren?
3. Welche konkreten Marktsegmente und Käufergruppen sind für die Idee und die mögliche zukünftige Innovation von zentraler Bedeutung? Welches sind angrenzende Segmente, die zusätzlich eine Rolle spielen können?
4. Wie groß wird der Markt für die relevanten Segmente geschätzt: Anzahl der Personen oder Organisationen, bisher generierte Umsätze etc. …?

Marktübersicht gewinnen

Gesamtmarkt:

Beschreibung: _____

Gesamtvolumen:
(in Prozent, Personen, Tonnen, Stück …)

Segmentierungskriterien:

Kriterium 1: _____   Kriterium 2: _____

Kriterium 3: _____   Kriterium 4: _____
(Größe, Geografie, Alter, Kaufkraft …)

Wichtige Marktsegmente:

Beschreibung A _____

Beschreibung B _____

Beschreibung C _____

Volumen der wichtigen Marktsegmente:

Volumen A _____

Volumen B _____

Volumen C _____

Abbildung 23: Vorlage zur Konkretisierung der Marktsegmente

Das Abschätzen der Größe relevanter Marktsegmente ist selbst für erfahrene Marketingexperten oft schwierig. Dies beruht auf der Unsicherheit im Umgang mit ungesicherten Informationen sowie der neuen, unbekannten Situation. Trotzdem ist es notwendig, dass sich das Innovationsteam anhand von qualitativen Faktoren ein Bild von der Marktgröße macht und dies dokumentiert. Nur so können in der weiteren Bearbeitung neue Erkenntnisse berücksichtigt und deren Auswirkungen und Anforderungen abgeleitet werden.

Um den Informationsgrad zu erhöhen und die Qualität der Informationen zu verbessern, bietet es sich an, auf unterschiedliche Informationsquellen zurückzugreifen. Diese können sein:
- Interne Marketingabteilung
- Branchenverbände, Wirtschaftsverbände, Interessenvertreter
- Externe Marktstudien
- Informationen aus externen Statistiken
- Informationen aus Vorträgen, Kongressen, öffentliche Meinungsbildner
- Expertengespräche, Unternehmergespräche
- Zukunftsstudien
- Internet
- etc.

Tipp

Leiten Sie die Marktdaten aus unterschiedlichen Quellen ab. Diskutieren Sie die Ergebnisse im Team. Aus den Erfahrungen der Teammitglieder können weitere mögliche Herleitungen erstellt werden.

Tatsache ist, dass die Güte und Qualität der Marktinformationen umso schlechter ist, je weniger auf bestehende Strukturen zurückgegriffen werden kann. Das Ergebnis dokumentieren Sie am besten in Form von Grafiken mit zugehörigen Tabellen.

Kunden richtig verstehen

Die Sammlung konkreter Kundenanforderungen dient der Erhebung und Gewichtung von Wünschen und Erwartungen möglicher Kunden an das spätere Produkt oder die Dienstleistung. Im Mittelpunkt der Betrachtung steht dabei die Identifizierung derjenigen Produktmerkmale, Anforderungen und Kernfunktionen, die aus Kundensicht großen Nutzen liefern.

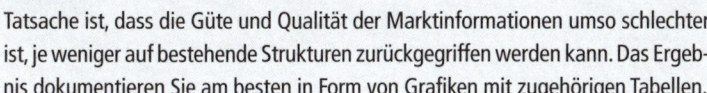

Ein typisches Vorgehen sieht wie folgt aus:
1. Mit welchen 3 bis 5 Merkmalen lassen sich die identifizierten Kundengruppen grob charakterisieren?
2. Welche unterschiedlichen 3 bis 5 Bedürfnisse für den Kaufentscheid sind den Kundengruppen zuzuordnen?
3. Wie sieht der Kaufprozess im Groben aus?

Je konkreter die Kundengruppenmerkmale beschrieben sind, desto klarer wird das Verständnis des Kunden und seiner Besonderheiten (Einzelkunden oder Organisation). Daraus werden zwei Dinge abgeleitet: Die Kundenbedürfnisse und die Vorgaben für die Entwicklung der Kernfunktionen der Produkte und Dienstleistungen. Die Schlüsselfrage lautet: Warum kauft der Kunde unsere Leistung oder unser Produkt?

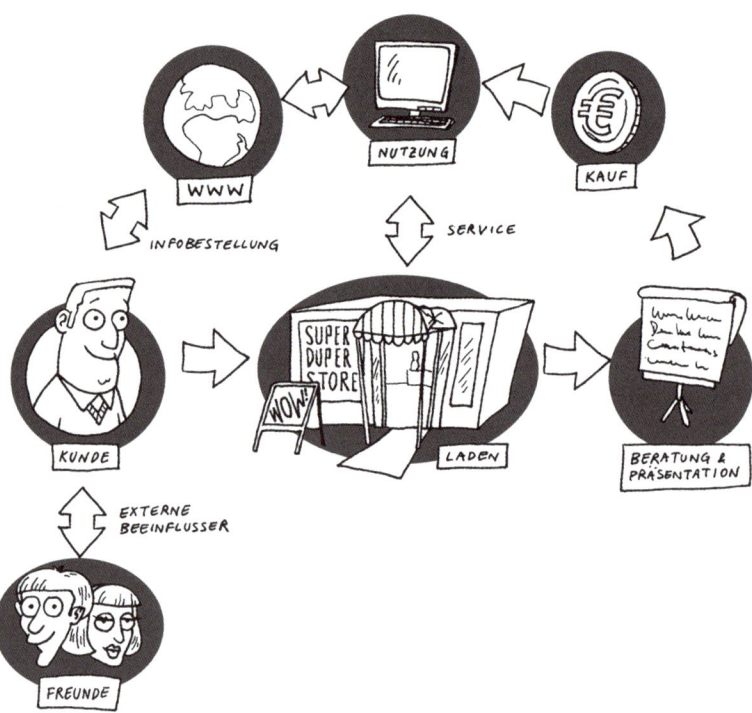

Abbildung 24: Mögliche Darstellung eines Kaufprozesses

Das kurze Beschreiben des Kaufprozesses unterstützt das ganzheitliche Verständnis der Anforderungen. Oftmals existiert eine Kunde-Endkunde-Beziehung. Das heißt, dass der eigentliche Anwender oder Nutzer (Endkunde) der Leistung diese von einem Zwischenhändler oder Vermittler (Kunde) bezieht. Mehrstufige Kaufprozesse ändern sich häufig bei neuen Geschäftsmodellen.

In dieser Situation müssen folgende Fragen bearbeitet werden:
- Welche Zwischenschritte existieren, bis die Leistung beim Endkunden ist?
- Von wem ist der Endkunde abhängig oder von wem wird er beeinflusst?
- Wie sehen die Entscheidungsmechanismen beim Kunden und Endkunden aus?

Die Mitarbeiter in den Entwicklungsabteilungen können diese Aufgabe meist nicht eigenständig bearbeiten. Das Arbeiten in interdisziplinären Teams mit Einbezug von externen Fachkräften ist hier ratsam. Wenn im Kaufprozess externe Beeinflusser oder Kundenvermittler existieren, dann sind deren Bedürfnisse von den Marktexperten im Innovationsteam gleichfalls zu benennen und innerhalb der Konzepterstellung von den technischen Entwicklern zu berücksichtigen.

Dienstleistungsinnovation: Die „24-Stunden-Baugenehmigung" der Stadt Köln

Viele Bauanträge beinhalten nur kleine Änderungen oder Ergänzungen bestehender Gebäude, wurden aber bislang wie Anträge für Neubauten behandelt. Der administrative Aufwand und die notwendige Durchlaufzeit waren sehr hoch. Es bestand ein konkreter Bedarf, die Dienstleistung zu optimieren und kundenfreundlicher zu gestalten. So entstand die 24-Stunden-Baugenehmigung, die zum Beispiel für folgende Anträge gilt:
- *Anbau von Balkonen, Erkern, Vordächern*
- *Dachausbauten, Anbauten und Umbauten*
- *Gartenhäuser, Kleingaragen, Carports*
- *Terrassenüberdachungen*
- *etc.*

Wettbewerbssituation beurteilen

Wenn es bereits Wettbewerber in den relevanten Marktsegmenten gibt, müssen diese gleichfalls vom Innovationsteam benannt werden:

1. Wer sind die drei größten Wettbewerber in den identifizierten Marktsegmenten?
2. Was sind deren Alleinstellungsmerkmale (USP) oder Stärken und Schwächen?
3. Wenn bekannt: Welche strategischen Stoßrichtungen verfolgen sie?

Bei Innovationen in neuen Anwendungsfeldern sind oftmals Recherchen notwendig, um einen Überblick zu erhalten. Sehr hilfreich sind in dieser Situation Gespräche und Diskussionen mit externen Fachspezialisten. Bei stark technologieorientierten Ideen können Hochschulen wie auch Branchenverbände bei der Identifikation der potenziellen Wettbewerber hilfreich sein.

Für eine zukünftige Beurteilung sollten die Entscheidungsträger die Wettbewerbsfrage gleich hoch einschätzen wie den Kenntnisstand bezüglich der Kundenbedürfnisse.

Bei einem Unternehmen aus der Kunststoffindustrie hat sich in den letzten Jahren das Produktportfolio kaum verändert und der Kundenstamm ist nur wenig gewachsen. Die Idee eines Mitarbeiters ist, bei bestehenden Kunden eine Komponente aus Metall oder Guss durch Kunststoff zu ersetzen und mit weiteren Funktionen zu versehen. Bisher gibt es noch keine derartige Lösung auf dem Markt. Bei der Konkretisierung der Lösung ist es nun notwendig, nicht nur die bestehende Marktsegmentierung zu überprüfen, sondern sich auch mit ganz neuen Wettbewerbern, in diesem Fall aus der Metall- oder Gussindustrie, auseinanderzusetzen.

Als Arbeitshilfsmittel eignet sich eine Wettbewerbslandkarte, welche auf einen Blick eine Gesamtübersicht erlaubt.

Stärken / Schwächen	Wettberbsposition	Bemerkungen
Meta-Suchmaschinen und Agenten	International	MetaCrawler Ahoi!
	deutschsprachiger Raum	MetaGer KlugSuchen …
Suche nach Sachverzeichnissen	International	Google Infoseek ultra Yahoo!
	deutschsprachiger Raum	Yahoo Deutschland Allesklar Web.de …
Suche nach Stichworten	International	Google Alta Vista HotBot
	deutschsprachiger Raum	Google Swisssearch Aladin Fireball …
Spezialisierte Suchprogramme		Diverse

Tabelle 12: Beispiel einer Wettbewerbslandkarte

Erfolgsfaktoren ableiten

Mit der Sammlung von Erfolgsfaktoren kann die Gesamtsituation noch einmal evaluiert werden. Die Hauptargumente des Grobkonzepts werden hervorgehoben:

 Wenn es uns gelingt, die Funktion A in Kombination mit B in spätestens zwei Jahren zu realisieren, dann haben wir eine neue Einzigartigkeit im Markt!

- Wenn wir die Leistung zum Preis von unter 100 € pro Jahr im Markt platzieren können, sind wir absolut wettbewerbsfähig!
- Wenn wir es schaffen, die Neuerung dem Kunden verständlich zu kommunizieren, dann begeistern wir unsere bestehenden Kunden und gewinnen neue (= Akzeptanz der Leistung)!
- Wenn die Zuverlässigkeit der Technologie bei diesem Produkt so gut ist wie bei einem Auto, dann …!
- usw.

Die Nennung von Erfolgsfaktoren stärkt das zukünftige Innovationsmarketing und hilft dem Innovationsteam, die Unterschiede der jeweiligen Ideen für die Konzeptentwicklung zu präzisieren und deren Attraktivität zu beurteilen.

Denken Sie an eine aktuelle Situation in Ihrem Unternehmen, bei der eine Idee konkretisiert wird. Kennen Sie die Erfolgsfaktoren aus der Sicht Markt / Kunde? Wenn nein, was sind die nächsten Schritte, die Sie angehen müssen?

1.

2.

3.

Bemerkungen:

Lasten- und Pflichtenheft

Neben den Erfolgsfaktoren sind die marktspezifischen Gesetzgebungen, Normen und Richtlinien zu berücksichtigen. Sie bilden für die weitere Konzepterstellung Rahmenbedingungen, welche insbesondere von den technischen Entwicklern zu erfüllen sind. Nicht nur die aktuellen, sondern auch die zukünftig in Kraft tretenden Aspekte sind von Bedeutung. Je größer der Neuigkeitsgrad der Idee ist, desto wahrscheinlicher ist auch, dass bestehende Rahmenbedingungen in Frage gestellt werden – es kann aber auch sein, dass in diesem Fall gar keine existieren.

Um die Übersicht zu behalten und die gesammelten Informationen bewertet darzustellen, verwendet man die „HAVE-Liste". Sie stellt eine klar strukturierte Anforderungsliste mit Priorisierungen dar.

Die HAVE-Liste
- **Must have (1. Priorität):** Muss-Kriterien sind vollständig zu erfüllen, da sonst erhebliche Nachteile entstehen und die Gesamtlösung in Frage gestellt wird.
- **Should have (2. Priorität):** Kann-Kriterien haben eine hohe Bedeutung und tragen wesentlich zum Erfolg bei.
- **Nice to have:** Die Wirkung dieser optionalen Anforderungen auf den Erfolg ist nicht relevant. Achtung: Oftmals werden Lösungen mit diesen Anforderungen überlastet, welches erhebliche Kostenfolgen hat.

Allgemein soll gelten: Weniger ist mehr! Zu viele Ansprüche an „must have" schränkt die Anzahl der Lösungsvarianten ein.

Diese unterschiedlichen Anforderungen fließen in das Lastenheft ein und gelten als Anforderung für die weitere Konzepterstellung. Die Erstellung des Lastenhefts hat folgende Vorteile:
- Die Kundensicht wird bereits in einer frühen Innovationsphase mit berücksichtigt.
- Die Bedürfnisse der Kunden bzw. des Marktes werden lösungsneutral als Vorgabe dokumentiert.
- Die Zusammenarbeit zwischen dem Verkauf, dem Produktmanagement und der Entwicklung wird gestärkt.

Definitionen

> **Lastenheft**
>
> Das Lastenheft wird vom Auftraggeber definiert bzw. verabschiedet und beschreibt die Anforderungen mit den Randbedingungen aus Anwender-/Nutzersicht. Diese sollten quantifizierbar und überprüfbar sein. Berücksichtigt werden dabei auch die Anforderungen möglicher interner Kunden wie zum Beispiel der Serviceabteilung.
>
> **Pflichtenheft**
>
> Das Pflichtenheft beschreibt die vom Innovationsteam definierten Realisierungsvorgaben. Diese beruhen auf der Umsetzung des vom Auftraggeber definierten Lastenhefts.

Der Auftraggeber stellt im Lastenheft seine Anforderungen an das Innovationsteam dar. Das Innovationsteam gibt bei der Entwicklung des Grobkonzepts im Pflichtenheft an, inwieweit dies realisierbar ist.

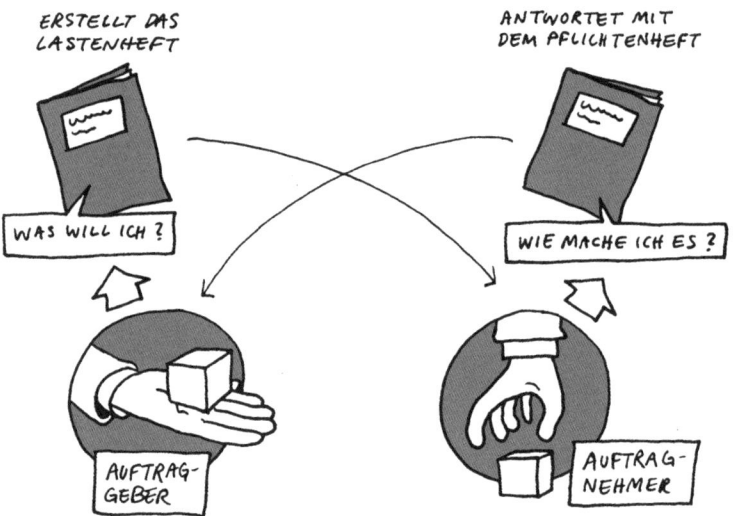

Abbildung 25: Zusammenhänge zwischen Lasten- und Pflichtenheft

Lösungsvarianten

Das Grobkonzept stellt ein Gedankengerüst zur Realisierung einer Idee dar. Umsetzungsstarke Ideen werden im Unternehmen so aufbereitet, dass ein provisorisches Produkt- oder Dienstleistungskonzept entsteht. Das Innovationsteam erarbeitet mögliche Lösungsvarianten. Diese stellen das Ergebnis des sogenannten Entstehungsprozesses dar, wie in Abbildung 26 skizziert. Zur weiteren Realisierung wird zum Beispiel von einem Planer in Unternehmen eine systematische Bearbeitung mit folgender Gliederung angewendet:

- **Produkt-/Dienstleistungsentstehungsprozess:** Der Lösungsweg, die systematische, schrittweise Detaillierung der Lösung. Er setzt sich aus dem Grobkonzept, dem Umsetzungskonzept und der Realisierung zusammen.

- **Problemlösungsmethodik:** Ein Vorgehensprinzip, wie Lösungsvarianten im Entwicklungsprozess unter Einsatz von Hilfsmitteln kreiert und ausgewählt werden können. Unternehmen realisieren dies zum Beispiel durch den Einsatz von folgenden inhaltlichen Aspekten: Aufgabenbestimmung vornehmen, Ziel- und Beurteilungskriterien festlegen, Lösungen finden, bewerten, eine Empfehlung ableiten und schließlich Entscheidungen fällen.

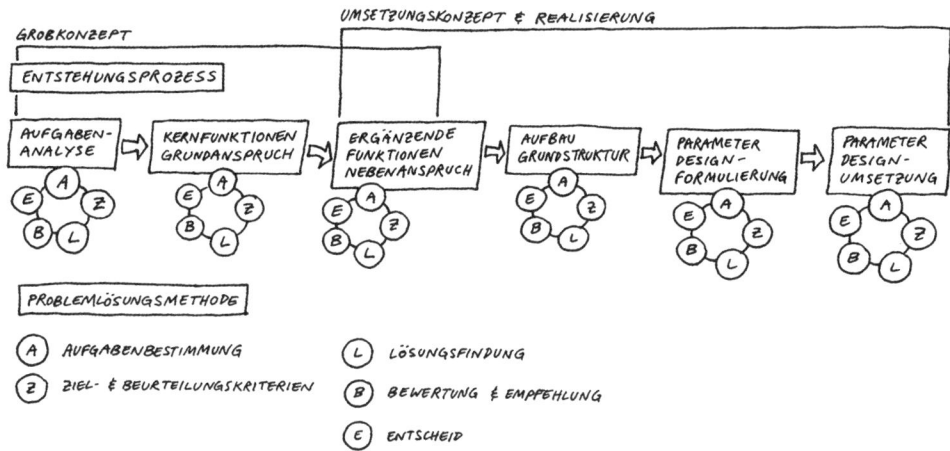

Abbildung 26: Zusammenhang Lösungsentstehung und Problemlösungsmethodik

Entstehungsprozess

Der Produkt- bzw. Dienstleistungsentstehungsprozess konzentriert sich wie in Abbildung 26 dargestellt auf die Phasen Grobkonzept, Umsetzungskonzept und Realisierung. Das Grobkonzept basiert in erster Linie auf den Kernfunktionen und dem erkannten Primärbedarf aus dem Lastenheft. In der Ausgangssituation werden Teile der ergänzenden Funktionen bereits mit berücksichtigt (vergleiche Abbildung 26). Eine ergänzende Funktion kann zum Beispiel eine zusätzliche Software für ein Handy sein, die für den Standardbetrieb nicht notwendig ist. Oder auch eine Schnittstelle für tragbare Abspielgeräte im Autoradio. Je nach Branche (Chemie, Medizin, IT, Elektronik etc.) bestehen branchenspezifische Rahmenbedingungen (Auflagen, Normen, Zulassungen etc.), die ebenso zu berücksichtigen sind und Abweichungen im Entstehungsprozess zur Folge haben können.

Der in der Abbildung 26 dargestellte Entstehungsprozess hat Allgemeingültigkeit. In der Praxis nehmen Unternehmen oftmals noch Anpassungen vor, die ihre speziellen Bedürfnisse und Umstände abdecken.

Bei Routineinnovationen werden Innovationsprozesse oft abgekürzt bzw. nur die wesentlichen Inhalte aus bestehenden Informationen überprüft und gesammelt (siehe auch S. 62). Existierende Randbedingungen, gemachte Erfahrungen und der unternehmerische Zusammenhang sind häufig sofort ersichtlich und müssen nicht erarbeitet werden. Trotzdem ist es ratsam, die Grundgedanken nochmals zu reflektieren. Zu oft bewegt sich das Innovationsteam in traditionellen Denkstrukturen, ohne weitere Alternativen in Betracht zu ziehen. Daher sind alle Ideen mit ähnlichem Innovationspotenzial auf einen einheitlichen Informationsstand zu bringen, der bewertet werden kann.

Bei Radikalinnovationen ist das Überdenken von bestehenden Strukturen und traditionellen Vorgaben aus dem Umfeld unbedingt notwendig. Mithilfe von Vorstudien, Tests oder Versuchen müssen eventuell erst konzeptionelle Erkenntnisse im Unternehmen gewonnen werden, um den Detaillierungsgrad der Innovation zu erhöhen und die konkreten Ansprüche für die weitere Entwicklung zu bestimmen.

Dem Grobkonzept kommt im Innovationsprozess eine hohe Bedeutung zu. Bereits in dieser Phase bestimmt das Innovationsteam die zukünftigen Kostenstrukturen. Zu diesem Zeitpunkt entstehen jedoch relativ wenig

Kosten. Mit zunehmender Detaillierung kann man immer weniger Einfluss auf das Gesamtkonzept nehmen. Änderungen von Kernfunktionen oder ergänzenden Funktionen im fortgeschrittenen Entwicklungsstadium verursachen einen sehr hohen Änderungsaufwand (Zeit und Kosten); oftmals sind Anpassungen dann gar nicht mehr möglich. Die Abbildung 27 erläutert diesen Zusammenhang.

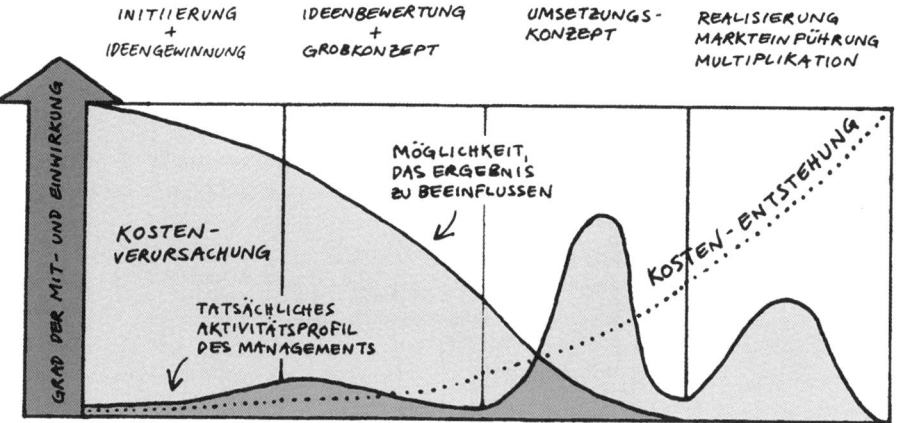

Abbildung 27: Grad der Mit- und Einwirkung je Innovationsphase

Das tatsächliche Aktivitätsprofil des Managements konzentriert sich meistens auf die Phasen Umsetzungskonzept und Realisierung, in denen hohe Ausgaben anfallen. Das Management versteht oft nicht, dass zu diesem Zeitpunkt nur noch ein beschränkter Einfluss auf die Kostenursachen möglich ist. Deshalb ist eine Anpassung des Aktivitätsprofils des Managements innerhalb des Innovationsprozesses notwendig. Die Entscheidungsträger sind intensiver in die Phasen der Ideenbewertung und Grobkonzeptentwicklung einzubinden, da dort die zukünftigen Kosten festgelegt werden.

Bei der Lösungserarbeitung in der Grobkonzeptphase sollte man unterschiedliche Varianten als „Stoßrichtungen" prüfen. Hier können Kernaspekte berücksichtigt werden wie
- Modularisierung versus individuelle Lösung
- Einzelanfertigungen versus Massenanfertigungen
- Kernfunktionen versus unterstützende Funktionen
- Komponenten versus System

Problemlösungsmethodik

Mit der Problemlösungsmethodik werden die Lösungsvarianten im jeweiligen Schritt des Entstehungsprozesses erarbeitet. Aus den Lösungsvarianten wird die jeweils beste Lösung ausgewählt und in einem weiteren Schritt detailliert. Dies unterstützt das strukturierte Vorgehen. Das Risiko, sich in einer frühen Phase nur in einem Lösungsansatz zu verlieren, nimmt ab.

Der richtige Detaillierungsgrad der Lösungsvariante als Grobkonzept basiert auf Erfahrungswerten des Innovationsteams und der Innovationsart. Das Konzept bei Routineinnovationen ist in dieser Phase schon recht fundiert beschreibbar, bei Radikalinnovationen muss man hingegen noch viele Annahmen treffen und mit vereinfachten Betrachtungen arbeiten.

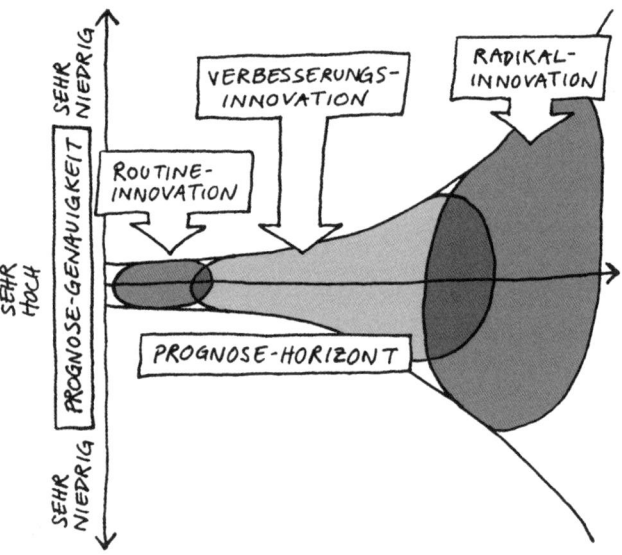

Abbildung 28: Abbildung der Prognosegenauigkeit und des Prognosehorizonts

Bei Routineinnovationen kann man davon ausgehen, dass in den Unternehmen bereits eine fundierte Informationsbasis vorhanden ist. Es existiert also eine hohe Prognosegenauigkeit. Bei Radikalinnovationen ist dies nicht der Fall. Hier existiert grundsätzlich eine sehr hohe Prognoseungenauigkeit (Abbildung 28).

Um eine Vorstellung von der jeweiligen Prognosegenauigkeit zu bekommen, sollte man unternehmensintern einen einheitlichen, groben Maßstab als Richtwert definieren. Der Maßstab der Prognosegenauigkeit kann zum Beispiel innerhalb der unterschiedlichen Innovationsarten wie folgt aussehen:

- Radikalinnovationen: wenn überhaupt, dann $\pm >50\,\%$
- Verbesserungsinnovationen: $\pm\,30-50\,\%$
- Routineinnovationen: $\pm\,5-20\,\%$

Im Folgenden erläutern wir Hilfsmittel für die Grobkonzepterstellung. Sie sollen einen Impuls für den Einsatz im eigenen Unternehmen geben.

Lösungsfindung

Für die Lösungsfindung können auch die im Kapitel „Phase 2" aufgeführten Kreativitätstechniken eingesetzt werden.

Morphologischer Kasten

Die Morphologiebetrachtung findet hauptsächlich bei der Entwicklung von Systemkonzepten ihren Einsatz. Der sogenannte „morphologische Kasten" ist eine systematisch analytische Kreativitätstechnik nach dem Schweizer Astrophysiker Fritz Zwicky. Eine zweidimensionale Matrix bildet das Kernstück dieser morphologischen Analyse. Mit ihrer Hilfe kann man das Lösungsfeld eines Problems übersichtlich darstellen und Alternativen herausarbeiten und abbilden. Der morphologische Kasten eignet sich für die Bildung von Varianten bei allen Innovationsarten. Das Ziel ist, alle logisch denkbaren Möglichkeiten systematisch zusammenzutragen, eingefahrene Strukturen im Denken und Handeln aufzubrechen und den Horizont zu erweitern.

Das typische Vorgehen beinhaltet folgende Schritte:
1. Umschreiben des Problems. Die gewonnene Aussage bildet die Überschrift des morphologischen Kastens.
2. Entwickeln der Parameter, sprich Teilprobleme oder Teilfunktionen des Problems, durch Analyse oder Brainstorming im Team. Erstellen einer Tabelle, in deren erster Spalte die Kriterien untereinander eingetragen sind.

3. Erarbeiten der Lösungsalternativen zu den Teilproblemen oder Teilfunktionen. In den jeweiligen Zeilen der erstellten Tabelle werden für jedes Kriterium denkbare Lösungsmöglichkeiten eingetragen. So entsteht eine Tabelle, wie in Abbildung 29 dargestellt.
4. Kombinieren der Lösungsvarianten der Teilprobleme zu Lösungsvarianten des Gesamtproblems.
5. Bewerten der Lösungsvarianten und Wahl der sinnvollsten Variante.

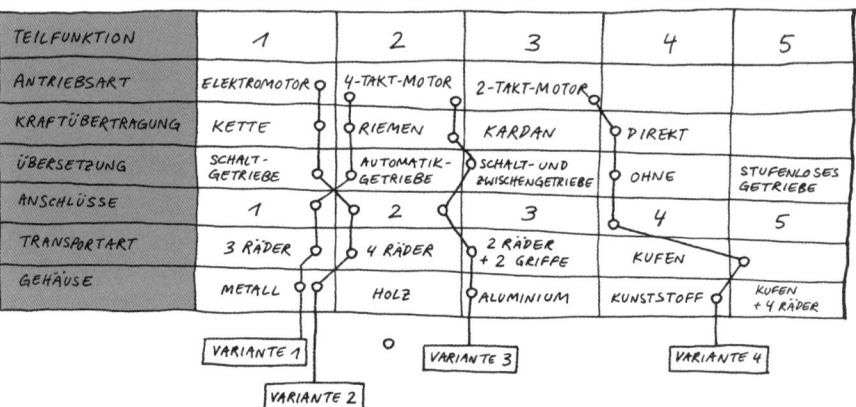

TEILFUNKTION	1	2	3	4	5
ANTRIEBSART	ELEKTROMOTOR	4-TAKT-MOTOR	2-TAKT-MOTOR		
KRAFTÜBERTRAGUNG	KETTE	RIEMEN	KARDAN	DIREKT	
ÜBERSETZUNG	SCHALT-GETRIEBE	AUTOMATIK-GETRIEBE	SCHALT- UND ZWISCHENGETRIEBE	OHNE	STUFENLOSES GETRIEBE
ANSCHLÜSSE	1	2	3	4	5
TRANSPORTART	3 RÄDER	4 RÄDER	2 RÄDER + 2 GRIFFE	KUFEN	
GEHÄUSE	METALL	HOLZ	ALUMINIUM	KUNSTSTOFF	KUFEN + 4 RÄDER

VARIANTE 1   VARIANTE 3   VARIANTE 4

VARIANTE 2

Abbildung 29: Beispiel eines morphologischen Kastens

Vor- und Nachteile des morphologischen Kastens

+ Er lässt auch unkonventionelle Ausprägungen zu.

+ Die Lösungsvarianten lassen sich sehr gut darstellen und dokumentieren.

+ Er fördert das Arbeiten im Team und lässt sich gut mit anderen Kreativitätstechniken kombinieren.

− Der Grundprozess/Teilprobleme muss/müssen bekannt sein.

− Es können schnell viele Varianten gebildet werden und man gibt sich mit der Vielzahl von Varianten zu schnell zufrieden.

− Erfahrung ist in der Anwendung für qualitativ gute Ergebnisse notwendig.

QFD-Methode

QFD (Quality Function Deployment) ist eine Methode zur Vernetzung von unterschiedlichen Ansprüchen und Sichtweisen. Bei einem Grobkonzept werden zuerst die Kundenansprüche formuliert. Anschließend werden daraus die Entwicklungsanforderungen in Form einer Leistungsspezifikation bestimmt.

QFD unterstützt die qualitäts- und kundenorientierte Entwicklung und damit der Gestaltung der Dienstleistung oder des Produktes. Die Kundenanforderungen werden zum Beispiel aus dem Lastenheft übernommen. Sie werden in beschreibbare und quantifizierbare Forderungen an die einzelnen Bereiche eines Unternehmens übersetzt. Erfolgreiche Ergebnisse können nur durch interdisziplinäre Teams mit hoch qualifizierten Mitarbeitern erreicht werden. Gemeinsames Erarbeiten von Informationen, Zusammenhängen und Lösungen führt im Team zu beträchtlichen Synergieeffekten.

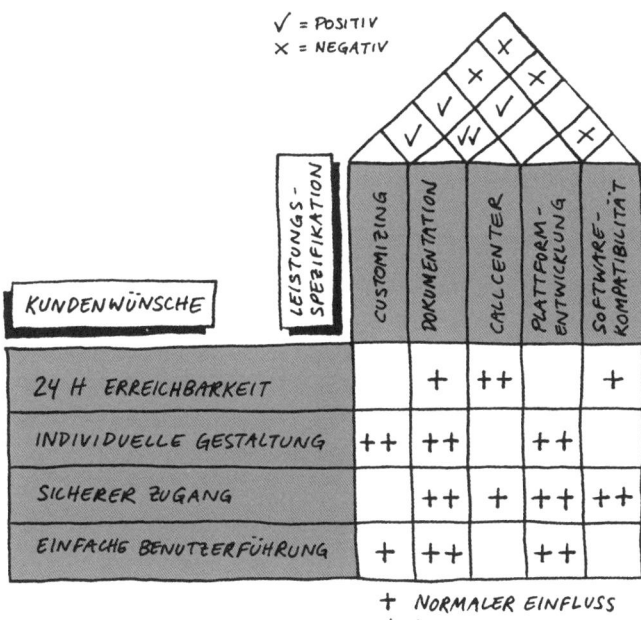

Abbildung 30: Grundprinzip der QFD-Methode

Die QFD-Methode eignet sich für klar ableitbare Zusammenhänge und somit eher für Verbesserungs- und Routineinnovationen. Sie benötigt klar definierte und beschreibbare Kundenbedürfnisse.

Das Vorgehen kann wie folgt kurz beschrieben werden:
1. Kundenwünsche werden eingearbeitet
2. Gewichtung der Kundenwünsche
3. Vergleich des eigenen Produkts mit Konkurrenzprodukten
4. Konstruktionsmerkmale werden bestimmt
5. Einfluss der Konstruktionsmerkmale auf die Kundenwünsche wird erarbeitet
6. Quantifizierbare Größen werden ergänzt
7. Eine Relationsmatrix wird erstellt
8. Zielvorgaben für die Konstruktion werden erarbeitet

Vor- und Nachteile der QFD-Methode

+ Ein direkter Transfer von Kundenbedürfnissen zu den Anforderungen der Unternehmensbereiche ist möglich.

− Eine entsprechende Qualitätskultur muss im Unternehmen vorhanden sein.

+ Höhere Qualität, niedrigere Kosten und kürzere Entwicklungszeiten sind möglich.

− Der Aufwand an Zeit, Kosten, Mitarbeitern und Planung ist hoch.

− Es besteht die Gefahr des Übersetzungsfehlers beim Übergang des formulierten Kundenwunsches in die technische Sprache.

Tipp

Nützliche Informationen zu QFD sind auf der Website des QFD Instituts Deutschland e.V. unter *www.qfd-id.de* zu finden.

TRIZ-Methode

Bei der TRIZ-Methode geht man davon aus, dass das Erfinden gewissen Gesetzmäßigkeiten unterliegt und nicht nur Kreativität von den beteiligten Personen erfordert. Dabei wird auf 39 Prinzipien von technischen Parametern und 40 Ansätze zur Lösung von Widersprüchen zurückgegriffen (Tabelle 13). Sie sind Konfrontationselemente, die zur Lösung technischer Erfindungsaufgaben genutzt werden.

Technische Parameter	Ansätze zur Lösung von Widersprüchen
Gewicht/Länge/Fläche/Volumen eines bewegten Objekts	Segmentieren
	Abtrennen
Gewicht/Länge/Fläche/Volumen eines stationären Objekts	Örtliche Qualität
	Asymmetrie
Geschwindigkeit	Krümmung
Temperatur	Kontinuität
Festigkeit	Vermittler
Energieverlust	Kopieren
Anpassungsfähigkeit	Homogenität
etc.	etc.

Tabelle 13: Auswahl technischer Parameter und Ansätze zur Lösung von Widersprüchen nach Altschuller (Orloff)

Neuartige Lösungen werden durch logisches Denken und Kenntnis dieser Gesetzmäßigkeiten entwickelt. Durch die Systematisierung der Vorgehensweise werden Vorfixierungen beim Nachdenken überwunden. Es wird auch Wissen nutzbar gemacht, das außerhalb der persönlichen Fachkompetenz des Entwicklers liegt.

Die Vorgehensweise bei der TRIZ-Methodik gestaltet sich wie folgt:
1. Das ideale Produkt wird formuliert, welches visionäre Ziele zur Produktfunktionalität enthält.
2. Die Entwicklungswidersprüche werden abgeleitet und mittels der Widerspruchsmatrix geeignete, allgemein gültige Lösungsprinzipien gesucht.
3. Die Ideen werden weiterentwickelt und in einem ersten Schritt an das formulierte ideale Produkt angepasst.
4. Lösungsvarianten werden als grobes Produktkonzept ausformuliert.

Vor- und Nachteile der TRIZ-Methodik

+ Ermöglicht das Finden von Lösungen außerhalb der persönlichen Fachkompetenz.	**−** Liefert sehr abstrakte Lösungsprinzipien.
+ Löst Vorfixierung beim Nachdenken und überwindet die psychologische Trägheit.	**−** Liefert teilweise unbrauchbare Ansätze.
+ Sehr systematisches Vorgehen ist möglich, daher gut für Dokumentation geeignet und universell anwendbar. Eine Softwareunterstützung ist möglich.	**−** Es ist eine gewisse Lernphase notwendig.

Tipp

Der Name TRIZ kommt aus dem Russischen und bedeutet „Theorie zur Lösung von Erfindungsaufgaben". Ihr Begründer ist Genrich Saulovitsch Altoff (Altschuller). Diverse Erfahrungsberichte über die Entwicklung der TRIZ-Methode sind unter *www.triz.org* und *www.triz-journal.com* zu finden.

Analogiebildung und Bionik

Bei der Methode der Analogiebildung überträgt man die Lösung eines Problems aus einem Bereich auf ein Problem aus einem anderen Bereich. Eine Analogie besteht dann, wenn mindestens ein Merkmal eines Analogieobjekts auch Merkmal des Suchobjekts ist. In Kombination mit dem Betrachtungspunkt der Bionik eröffnet dies neuartige Möglichkeiten.

Der Begriff Bionik setzt sich aus den beiden Begriffen Biologie und Technik zusammen. Bionik kann als die Analyse natürlicher Systeme bezeichnet werden. In der Lösungssuche für Innovationen werden mögliche Analogien zu Formen, Strukturen, Organismen, Vorgängen und Verhaltensweisen aus der Natur bearbeitet.

Leonardo da Vinci gilt als einer der ersten Bioniker. Er erkannte die Natur als Vorbild, um daraus zu lernen und seine Erkenntnisse in technische Innovationen für den Menschen umzusetzen. So übertrug er seine Beobachtungen an Vögeln auf Flugobjekte.

■ *Winterreifen der Continental AG setzen das Prinzip der Katzenpfote für eine bessere Kraftübertragung beim Bremsen ein.*
■ *Die Festo AG und Co. KG entwickelte einen bionischen Muskel nach menschlichem Vorbild für die Automatisierungstechnik.*
■ *Der Klettverschluss wurde von den Klettfrüchten in der Natur abgeleitet (VELCRO USA Inc.).*

Analogiebildung im Zusammenhang mit Bionik kann die Lösungsfindung so beeinflussen, dass die Beteiligten sich an in der Natur realisierte Lösungsvarianten oder Funktionen heranwagen, für die es momentan weder vollständige naturwissenschaftliche noch technische oder industrielle Erklärungen und Lösungen gibt. Man hat jedoch den Nachweis, dass die Funktion bereits in der Natur besteht und funktioniert.

Vor- und Nachteile der Bionik

+ Auch mit einfachen Fähigkeiten sind erste Erkenntnisse möglich.	− Für die Vertiefung wird spezielles Fachwissen benötigt.
+ Relativ gute Informationsverfügbarkeit (Bilder, Filme, Texte) aus der Natur ist gegeben.	− Erfahrungswissen bei der Übertragung auf die industrielle Anwendung ist notwendig.
+ Fördert die Öffnung des Betrachtungsfelds und unterstützt die interdisziplinäre Zusammenarbeit.	− Ist meist recht zeitaufwendig von den ersten Erkenntnissen bis zur konzeptionellen Reife.

Target-Costing-Konzept

Das Target-Costing-Konzept ermöglicht die Konzeptentwicklung über die Ableitung der Kosten bzw. Werte der einzelnen Funktionen oder Leistungseinheiten innerhalb des Gesamtkonzepts. Die Frage: „Was darf ein Produkt oder eine Dienstleistung kosten?" steht im Mittelpunkt. Durch eine rückwärtsgerechnete Kalkulation wird die Basis für die Lösungsfindung gelegt. Von einem Zielpreis wird die vorgegebene Gewinnmarge abgezogen, um die Basis zu ermitteln. Gut geeignet ist dieses Vorgehen für die Weiterentwicklung in Form von Verbesserungs- und Routineinnovationen. Fundiertes Wissen über einen Marktpreis wie auch über Grundkosten muss vorhanden sein. Der Inputgeber „Kunden- und Marktsicht" muss gleichfalls in konkreter Form vorliegen, damit Lösungsvarianten erarbeitet werden können.

Auf diese Weise kann bereits in einer Frühphase die Kostenstruktur und die Sensibilisierung der Kostenfolgen diskutiert und konzeptionell verankert werden. Eine Variantenbildung durch unterschiedliche Ergebnisse je Betrachtungsstufe zeigt den Handlungsspielraum auf. Besonders der Informationsaustausch und das Zusammenarbeiten von technischen Entwicklern und der Abteilung Marketing/Verkauf ist in diesem Fall für die Konzeptabstimmung sehr gut realisierbar.

Tabelle 14: Beispiel eines Ablaufs mit Target-Costing

Schritt	Baugruppe A	Baugruppe B	Baugruppe C	Baugruppe D	Baugruppe E	Beschreibung
Zielwert 10.000 €						Gesamtzielkosten bestimmen
	Baugruppe A 500 €	Baugruppe B 5.000 €	Baugruppe C 1.000 €	Baugruppe D 2.500 €	Baugruppe E 1.000 €	Aufspaltung in Teilzielkosten
Vorversuche und -entwicklungen starten						Vorentwürfe erstellen
verschiedene Kalkulationen oder Kostenschätzungen						Kalkulationen oder Schätzungen vornehmen / erste Vergleiche mit Zielkosten vornehmen
	Ergebnis A 800 €	Ergebnis B 4.000 €	Ergebnis C 1.500 €	Ergebnis D 2.500 €	Ergebnis E 600 €	Ermittelte Kosten je Baugruppe
	Detaillierung	i.O.	Detaillierung	i.O.	i.O.	Freigaben / wenn Summe unterhalb von Zielwert, Freigabe
	Testaufbauten		Testaufbauten			Konstruktion durchführen / Test durchführen
	Ergebnis A 600 €		Ergebnis C 1.200 €			Neue Erkenntnisse einfließen lassen
Konstruieren						Gesamtkonzept erstellen, entwerfen
Zwischenkalkulation						Vorkalkulation prüfen
erreichter Wert 8.900 €						Vergleich mit Gesamtzielwert

Vor- und Nachteile des Target-Costing

+ Bietet sehr systematisches Vorgehen, welches mit Controlling-Hilfsmitteln unternehmensintern untermauert werden kann.

− Birgt Gefahr, sich zu schnell mit Detailzahlen zu beschäftigen; dadurch ist der Verlust des kreativen Faktors möglich.

+ Kalkulationsschema bietet sehr hohe Transparenz der Kostenstruktur und deren Folgen.

− Kalkulationsschema und Berechnungsverfahren können radikalen Neuerungen evtl. nicht gerecht werden (mangelnde Informationsverfügbarkeit).

+ Verlangt interdisziplinäre Zusammenarbeit.

− Für komplexe Aufgaben ist ein relativ hoher administrativer Aufwand für eine gute Qualität notwendig.

Prozesslandkarte

Speziell für die Entwicklung von Dienstleistungen und Serviceaufgaben eignet sich die Prozesslandkarte. Das Besondere an dieser Methode ist die Vernetzung von verschiedenen Aspekten in einer Darstellung. So werden die betroffenen Stellen oder Bereiche, die notwendigen Informationen und eventuelle Materialflüsse in einer Darstellung vereint. Die Betrachtung wird mit beliebigen Aspekten themenbezogen ergänzt. Ein Beispielprozess ist in der Tabelle 15 zu finden.

Die Besonderheit bei dieser Methode ist, dass von folgenden Annahmen ausgegangen wird:

- Jede Stelle in der Betrachtung generiert einen Output und hat einen Input.
- Die Reihenfolge der Stellen muss nicht unbedingt der Reihenfolge des eigentlichen Ablaufs entsprechen.
- Der Input wird immer senkrecht und der Output horizontal in der Matrix eingetragen.
- Ein Output kann für mehrere Stellen ein Input bedeuten und umgekehrt.
- Es können unterschiedliche Aspekte gleichzeitig in der Matrix eingetragen werden.

Mögliche Integration einer Kundenbefragung mit SMS-Service

| Kunde | Anruf wegen Störung | SMS Antwort Fragebogen | | Feedback Kundenzufriedenheit |

Kunde

Online-Information über erkannte Störung

Service-Center

Erfassung der Störungsdaten
Erfassung der Störungsart
Erfassung der Melder-/Rückrufdaten
Abrage im Expertensystem

Feedback Kundenzufriedenheit

Statusmeldung der Störung
Information über Störnummer
Auswertung Fragebogen Kundenzufriedenheit
Übersicht Status der Störungen

Versand SMS Status Störungsbearbeitung
Versand SMS Fragebogen über Kundenzufriedenheit
evtl. Rechnung Störungsbehebung

IT-Sytem Applikationen

Weiterleitung der Störungsmeldung mit Störnummer
Übersicht Status der Störungen

Information über Störungsmeldung

Abfrage der Störungsmeldung

Disponent Mobiler Stördienst

Abfrage Störungsmeldung
Eingabe Status der Störungsbearbeitung

Annahme Auftrag Störungsbeseitigung
Fertigmeldung Auftrag

Auftrag Störungsbehebung mit Störnummer

Mitarbeiter-Stördienst

Störungsbehebung beim Kunden
Material für Störungsbehebung

Legende
involvierte Stellen
Informationen
Material
zusätzl. SMS-Dienste

Lesehilfe
Output
Input

Tabelle 15: Grundmatrix mit einem Beispiel einer Prozesslandkarte

Lösungsfindung **95**

Auf diese Weise lassen sich sehr einfach komplexe Prozesse und Abhängigkeiten entwickeln und weiter detaillieren. Durch die Wahl der Detaillierung kann das Innovationsteam sehr grobe wie auch detaillierte Prozesse stufengerecht bearbeiten.

Das Vorgehen kann wie folgt beschrieben werden:
1. Definition der ersten Stellen
2. Definition der betrachteten Aspekte im Prozess, wie z. B. Informationen, Material etc., und Zuordnung der jeweiligen Farbe
3. Gemeinsames Entwickeln des Prozesses
4. Bildung von Prozessvarianten
5. Dokumentation der Ergebnisse

Vor- und Nachteile der Prozesslandkarte

+ Einfache, bildliche Darstellung von komplexen Zusammenhängen ist möglich.

− Es besteht die Gefahr, die Detaillierungsstufen im Prozess zu vermischen.

+ Sehr gute Entwicklungsmöglichkeit in einer interdisziplinären Gruppe und Verbesserung des gemeinsamen Lösungsverständnisses ist möglich.

− Eine Lösungsrichtung ist für einen Einstieg notwendig.

+ Es besteht die Einsatzmöglichkeit in unterschiedlichen Entwicklungsstufen.

− Ohne ein gewisses Fachwissen scheitert die Bearbeitung an zu vielen offenen Punkten.

Notieren Sie hier die Hilfsmittel, die Sie bis heute zur Lösungsentwicklung im Grobkonzept einsetzen!

Notieren Sie hier, welche Hilfsmittel Sie für eine zukünftige Lösungsentwicklung genauer kennenlernen und vertiefen wollen!

Lösungsauswahl

Nicht nur für die Erstellung von Lösungsvarianten sind Hilfsmittel notwendig, sondern auch für die Auswahl der jeweils besten Variante. In dieser Phase des Grobkonzepts wird häufig auf drei unterschiedliche Verfahren zurückgegriffen:

- Gruppenvergleich der Lösungen mit Hilfe des Stärken-/Schwächenprofils
- Qualitative Beurteilung in einer Expertenrunde
- Quantitative Beurteilung mit einer erweiterten Nutzwertanalyse

Stärken-/Schwächenprofil

Die Darstellung des Stärken-/Schwächenprofils ist eine weit verbreitete Methodik zur Visualisierung von Unterscheidungsmerkmalen. Sie erlaubt die Differenzierungsmerkmale der Lösungsvariante aufzuzeigen und unterstützt damit die Transparenz.

Klassisch wird für die Erstellung des Profils wie folgt vorgegangen:
1. Aufstellung der Beurteilungsparameter (Kriterien)
2. Definition der Skalen
3. Beurteilung der jeweiligen Lösungsvarianten je Kriterium
4. Zusammenfassung der Unterscheidungsmerkmale
5. Diskussion des Ergebnisses und Abgabe der Empfehlung

AUSWAHLKRITERIUM

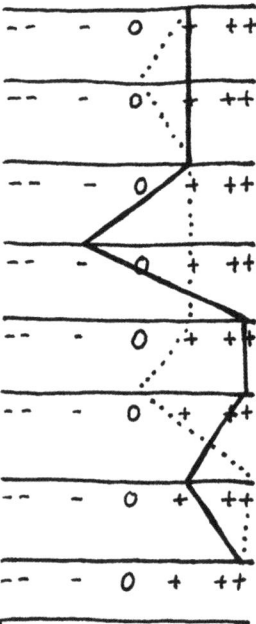

SICHERHEIT

ELEKTRONISCHE KOMPATIBILITÄT

GEWICHTSVERMINDERUNG

DESIGNKONFORMITÄT

WARTUNGSBEDARF

RECYCLINGFÄHIGKEIT

UNTERHALTSKOSTEN

GLOBALE EINSATZFÄHIGKEIT

VARIANTE A ——
VARIANTE B ······

Abbildung 31: Mögliche Darstellung eines Stärken-/Schwächenprofils

Vor- und Nachteile des Stärken-/Schwächenprofils

+ Es ist ein einfaches Verfahren mit großem Bekanntheitsgrad.

+ Gute Übersicht über die Differenzierungsmerkmale ist möglich.

+ Ist mit wenig Hilfsmitteln und Aufwand interdisziplinär anwendbar.

− Eine rein qualitative Auswahl der besten Lösung ist möglich.

− Es besteht ein relativ hoher Interpretationsspielraum bei der Bewertung.

− Gefahr einer Visualisierung von scheinbaren Zusammenhängen unabhängiger Kriterien.

Expertenrunde

Eine Expertenrunde ist eine gezielte Auswahl von Personen, die themenbezogen zur Beurteilung von Lösungsvarianten zusammengestellt wird. Die Experten beurteilen aus ihrer Erfahrung heraus und mit ihrem Expertenwissen die Lösungsvarianten. Dies geschieht einzeln oder in der Gruppe. Dabei bedienen sich die Experten für die Beurteilung oft eigener Hilfsmittel wie zum Beispiel Checklisten, Expertensysteme oder Wissensdatenbanken.

Das Vorgehen innerhalb der Expertenrunde kann unterschiedlich sein. Es kann beispielsweise nach dem Delphi-Prinzip erfolgen: Dabei wird einer Gruppe von Experten ein Fragen- oder besser Thesenkatalog der betreffenden Lösungsvariante vorgelegt. Die Experten haben in zwei oder mehreren sogenannten „Runden" die Möglichkeit, die Thesen einzuschätzen. Ab der zweiten Runde wird Feedback gegeben, wie andere Experten geantwortet haben, in der Regel anonym. Auf diese Weise wird versucht, den üblichen Gruppendynamiken mit sehr dominanten Personen entgegenzuwirken. Es besteht auch die Möglichkeit des Vorgehens in der Gruppe, sodass alle zusammen zu einer Empfehlung gelangen müssen. Schließlich gibt es noch die Möglichkeit der Einzelbeurteilung.

Abschließend wird eine Empfehlung an den Leiter des Innovationsteams oder den Auftraggeber erwartet, die das weitere Vorgehen bestimmen. Die Empfehlung beinhaltet eine schriftliche Begründung und eine Rangfolge der zur Auswahl stehenden Lösungsvarianten. Wichtig ist, dass die Experten zu allen Lösungsvarianten Stellung beziehen.

Vor- und Nachteile der Expertenrunde

+ Bietet die Beurteilung der Lösungen mit einem breiten Expertenwissen.	− Die einzelne Beurteilung ist sehr subjektiv.
+ Wissensaufbau und -austausch durch die Begleitung der Expertengruppe ist möglich.	− Die Aussagen sind oft nur qualitativ und teilweise schwierig nachvollziehbar.
+ Meinungsbildner und Promotoren können für die jeweilige Lösung identifiziert werden.	− Der Zeit- und Kostenaufwand ist relativ hoch.

Erweiterte Nutzwertanalyse

Mithilfe der Nutzwertanalyse erfolgt die Variantenauswahl anhand von mehreren Zielkriterien und deren Gewichtung. Die Kriterien können dabei qualitativer und quantitativer Natur sein. Die jeweiligen Merkmalsausprägungen der Varianten werden nach einem Maßstab einheitlich bestimmt.

Die erweiterte Nutzwertanalyse unterscheidet sich von der normalen Nutzwertanalyse durch die separate Betrachtung der Geldwerte bzw. der Wirtschaftlichkeit und der eigentlichen Nutzwertpunkte. Die Geldwerte bzw. Wirtschaftlichkeit stellen somit kein Bewertungskriterium in der Ermittlung der Nutzwertpunkte dar (Abbildung 32). Für jede Lösungsvariante werden individuelle Nutzwertpunkte als Leistungsfaktor ermittelt (x-Achse) und dem ausgewählten Geldwert (y-Achse) gegenübergestellt. Der Geldwert kann sich je nach Situation aus einer Investitionshöhe, den Betriebskosten oder einer groben Wirtschaftlichkeitsrechnung ergeben.

Das Vorgehen kann in sechs Schritte gegliedert werden:
1. Bestimmung der Kostenbetrachtung bzw. Wirtschaftlichkeitsdimension (y-Achse) durch den Leiter des Innovationsteams
2. Auswahl der Bewertungskriterien für die Nutzenbestimmung und Definition des jeweiligen Gewichtungsfaktors (x-Achse) durch das Innovationsteam in Abstimmung mit dem Auftraggeber
3. Definition der jeweiligen Skalen der Parameter für die Bewertungskriterien durch den Leiter des Innovationsteams
4. Beurteilung des Erfüllungsgrades der Bewertungskriterien je Variante durch das Innovationsteam und eventuelle weitere Fachexperten
5. Ermittlung der Nutzwertpunkte und des Geldwerts durch das Innovationsteam
6. Erstellung des Nutzwertportfolios durch das Innovationsteam

Die Differenzierung zwischen Wirtschaftlichkeit und Nutzwertpunkten erlaubt, die Unterschiede der Lösungsvarianten klarer darzustellen. Dabei ist die Lösung mit den höchsten Nutzwertpunkten (Leistung) nicht unbedingt die unternehmerisch sinnvollste Lösung.

Nutzwertanalyse

Bewertungskriterium	Gewichtung	Variante 1 Erfüllungsgrad	Variante 1 Nutzen	Variante 2 Erfüllungsgrad	Variante 2 Nutzen	Variante 3 Erfüllungsgrad	Variante 3 Nutzen	Variante 4 Erfüllungsgrad	Variante 4 Nutzen
Konformität zum Produktportfolio	20	10	200	8	160	5	100	10	200
IT-Kompatibilität	20	2	40	5	100	1	20	9	180
Service-Aufwand	10	8	80	3	30	6	60	7	70
Technologie-Kompetenzen	20	1	20	5	100	7	140	10	200
Realisierungszeit	20	7	140	4	80	10	200	8	160
Energieverbrauch	10	5	50	10	100	8	80	5	50
Total Nutzen	100		530		570		600		860

Nutzwertpunkte

Tabelle 16: Typischer Aufbau einer Nutzwert-Tabelle zur Ermittlung von Nutzwertpunkten

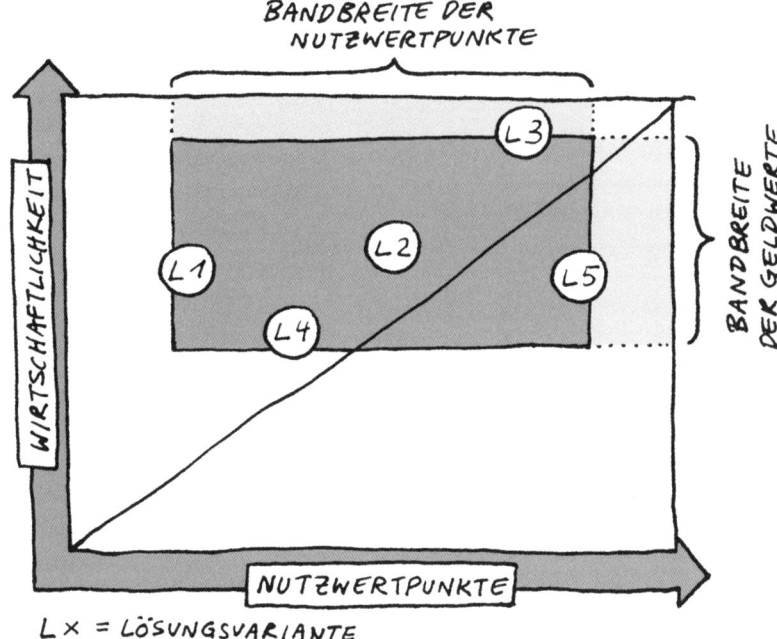

Abbildung 32: Gegenüberstellung von Nutzwertpunkten und deren Wirtschaftlichkeit

---

Vor- und Nachteile der erweiterten Nutzwertanalyse

+ Reproduzierbarkeit der Ergebnisse, systematische Vorgehensweise erforderlich.

+ Eine Vielzahl von qualitativen und quantitativen Kriterien sind in einem Bewertungsverfahren vereint.

+ Gegenüberstellung von Nutzen- und Kosten- bzw. Wirtschaftlichkeits- aspekten mit einer sehr hohen Transparenz ist möglich.

– Der administrative Aufwand für die Dokumentation der Skalenbildung und Zuordnungsargumentation ist relativ hoch.

– Die Lösungsvarianten benötigen einen gleichen Detaillierungsgrad, damit aussagekräftige Resultate erzielt werden können.

– Es besteht die Gefahr des „Spielens" mit Varianten während der Beurtei- lungsphase.

Notieren Sie hier die Hilfsmittel, die Sie bis heute zur Lösungsauswahl einsetzen!

Notieren Sie hier, welche Hilfsmittel Sie für eine zukünftige Lösungsauswahl genauer kennenlernen und vertiefen wollen!

Technologiebeurteilung

Bei Ideen mit einer großen Abhängigkeit von Technologieaspekten ist eine separate Technologiebeurteilung sinnvoll. Diese ist von strategischer Bedeutung, sowohl für die mögliche Umsetzungsgeschwindigkeit als auch für das notwendige Wissen und die bestehenden Erfahrungen in der angewandten Entwicklung und Umsetzung. Die jeweiligen internen oder externen Fachexperten im Innovationsteam können mithilfe der folgenden Aspekte einen Kurzcheck vornehmen:

▦ **Technologie-Lebenszyklus:** Welches Entwicklungspotenzial versprechen die Technologien? Die im Grobkonzept evaluierten Technologien für die Kern- und Zusatzfunktionen sind auf ihre unternehmerische

Bedeutung hin zu beschreiben (Entwicklung abgeschlossen, Weiterentwicklungen noch möglich, steht erst am Anfang).

- **Technologie-Verfügbarkeit:** Sind die notwendigen Technologien im Unternehmen, im Markt oder nicht frei verfügbar?
- **Technologie-Kompetenzen:** Sind die notwendigen technologischen Kompetenzen in der Anwendung auf diese Lösung in ausreichendem Maße vorhanden?
- **Technologie-Wettbewerb:** Kann die neue Technologie mit bestehenden Technologien konkurrieren? Hat sie das Potenzial, die technologische Konkurrenzfähigkeit auszubauen, wenn nicht heute, dann vielleicht zukünftig?
- **Technologie-Substitution:** Werden mit der neuen, notwendigen Technologie eigene oder fremde Technologien substituiert?
- **Technologie-Normen:** Müssen bei der weiteren Bearbeitung spezielle Vorgaben, Normen, Zulassungen etc. berücksichtigt werden?

Für eine ganzheitliche Betrachtung ist bei technologieorientierten Innovationen das Verständnis von neuen Technologien zu vertiefen. Dazu gehört insbesondere die Berücksichtigung der Lebensphasen derjenigen Technologien, die zum Einsatz vorgesehen sind. Abbildung 33 erläutert die Technologiephasen genauer.

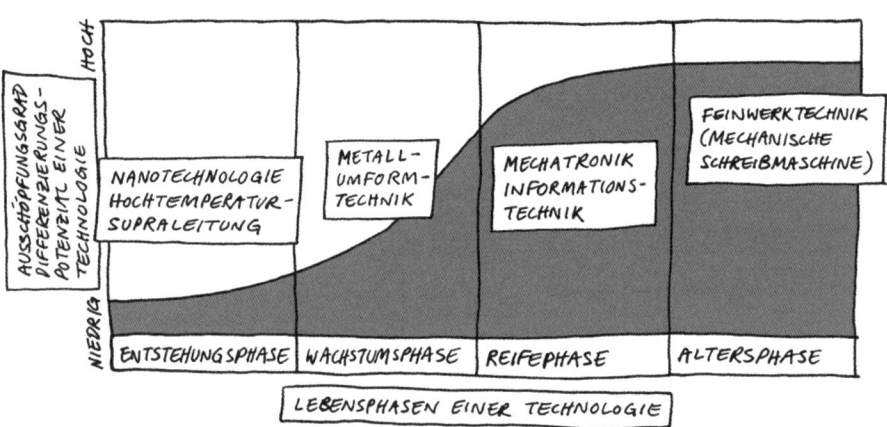

Abbildung 33: Ein typischer Technologielebenszyklus

Definitionen

Entstehungsphase
Die Technologie ist Gegenstand der Forschung, zum Beispiel an Universitäten oder privaten Forschungsinstituten. Über die praktischen Anwendungen der Technologie lassen sich noch keine Prognosen abgeben. Im günstigsten Fall bestehen Visionen praktischer Anwendungen.

Wachstumsphase
Eine immer größere Zahl praktischer Anwendungen der Technologie wird schrittweise realisiert. Einige wenige Unternehmen nutzen diese Technologie. Über konkrete Anwendungen herrscht bereits eine genauere Vorstellung.

Reifephase
Die Anwendungen der Technologie in unterschiedlichen Bereichen nehmen noch immer zu. Der Kenntnisstand über die Technologie ist schon so weit verbreitet, dass viele Firmen die Technologie beherrschen und nutzen. Das Differenzierungspotenzial für das einzelne Unternehmen wird geringer.

Altersphase
Substitutionstechnologien laufen der Technologie den Rang ab. Die Technologie wird obsolet. Unternehmen berücksichtigen diese Technologie bei zukünftigen Entwicklungsprojekten nicht mehr.

Neben den strategischen und funktionalen Fragestellungen muss die Schutzrechtsituation abgeklärt werden. Für eine Beurteilung ist dabei eine Innen- wie auch Außensicht zu berücksichtigen. Zur Nutzung von bestehenden Potenzialen setzen die Entwicklungsabteilungen im eigenen Unternehmen bestehende Patente ein, um die Wettbewerbsposition weiter auszubauen. Andererseits ist zum Beispiel durch einen Patentanwalt zu prüfen, ob die Technologie eventuell in einem Schutzfeld eines bestehenden Patents liegt. Dies kann außerhalb des eigenen Unternehmens, zum Beispiel in der eigenen oder auch einer anderen Branche sein.

Tipp

Je nach verfolgter Schutzstrategie ist es in der Vorprojektphase bereits wichtig, neue Patentanmeldungen zu prüfen. Dies ist im jeweiligen Verhalten (Kommunikation, Informationsverbreitung) rechtzeitig zu berücksichtigen und mit geeigneten Maßnahmen abzusichern. Für Recherchen, Auswertungen und als kompetente Anlaufstelle für Patentfragen stehen Patentanwaltsverbände und Patentämter zur Verfügung.

Patentanwaltsverbände

www.patentanwalt.de Deutsche Patentanwaltskammer
www.vsp.ch Verband Schweizerischer Patent- und Markenanwälte
www.patentanwalt.at Österreichische Patentanwaltskammer

Patentämter

www.epo.org Europäisches Patentamt
www.dpma.de Deutsches Patent- und Markenamt
www.ige.ch Eidgenössisches Institut für Geistiges Eigentum
www.patentamt.at Österreichisches Patentamt

Notieren Sie hier die Defizite der Technologiebeurteilung von Innovationsprojekten in Ihrem Unternehmen oder Geschäftsbereich aus Ihrer Sicht.

Überlegen Sie sich Maßnahmen, wie das Defizit verringert werden kann.

Zusammenarbeitsformen

Bei Innovationsprojekten sind oftmals zwei Beurteilungsaspekte relevant: die strategische Bedeutung und die Wirtschaftlichkeit. Das Management eines Unternehmens muss sich daher stets die Frage stellen, ob das Unternehmen alle für die notwendige Konzepterstellung und Umsetzung wichtigen Tätigkeiten und Kompetenzen selbst erbringen kann oder muss. Häufig ist die Zusammenarbeit mit anderen Organisationen und Kunden für die erfolgreiche Realisierung der Innovation notwendig, damit auch die wirtschaftlichen Anforderungen erfüllt werden können. Im Rahmen des Umsetzungskonzepts muss für die Beurteilung und Überprüfung der Risikoverteilung untersucht werden, für welche Tätigkeiten welche Art der Zusammenarbeit in Frage kommt. Eine Kernfrage dazu kann sein: Was ist für den Projekterfolg wichtig?

Die Abklärungen sind für den weiteren Entwicklungsprozess und die Umsetzungsplanung notwendig. Der Auftraggeber hat daher die Aufgabe, Abklärungen bezüglich Kooperationsmöglichkeiten zu verlangen, wenn diese nicht vom Leiter des Innovationsteams selbstständig angestoßen werden.

Eine Auswahl von möglichen Zusammenarbeitsformen und deren Merkmale sind in der Tabelle 17 aufgeführt.

Diejenigen Faktoren, die für ein Funktionieren oder auch Scheitern von Zusammenarbeitsformen verantwortlich sind, müssen berücksichtigt werden. Oft scheitern Kooperationen an einem ungleichen oder fehlenden Ressourceneinsatz der Partner. Unterschiedliche Vorstellungen bei der Frage der Aufwands- und Erlösverteilung stellen ein weiteres Hindernis dar.

Andererseits sind Kooperationen dann erfolgreich, wenn auf Mitarbeiter und deren Integration gebaut wird, um sie zu Beteiligten zu machen. Der Anreiz für Kooperationen muss auch beim Management vorhanden sein, um die notwendige Unterstützung zu bekommen. Letztendlich sind Kooperationsüberlegungen in einer frühen Entwicklungsphase dafür verantwortlich, dass die teilnehmenden Parteien sich mit dem Projekt identifizieren und auch notwendige Veränderungen einleiten.

Merkmal	Joint Venture	Strategische Allianz	Virtuelles Unternehmen	Projektbezogene Kooperation
Verbindung	Starr	Starr, meist formalisiert	Dynamisch, flexibel	Flexibel
Art der formalen Verknüpfung	Rechtliche Strukturen	Vertrag	Häufig informell	Informell oder Vertrag
Orientierung	Strategisch und operativ	Strategisch	Eher operativ	Strategisch/operativ
Strategie-Kompatibilität	Hoch, gemeinsame Zielfindung	Gemeinsame Strategiefindung	Aufgaben-/Ziel-homogenität	Gemeinsame Zielfindung
Zeitlicher Horizont	Im Prinzip unbegrenzt	Langfristig	Unbegrenzt, kurzfristig	Zeitlich begrenzt
Fokus	Stark fokussiert auf Aufgabe/Ziel	Breiter, beschränkt auf Geschäftsbereich	Breit	Fokussiert auf Aufgabe/Ziel
Wettbewerbsverhältnis	Keines	Begrenztes Wettbewerbsverhältnis	Ja, oft	Nicht im Kooperationsbereich
Anzahl Partner	Meist 2 – 5	Meist 2 – 5	Oft > 10	Meist 2 – 5

Tabelle 17: Mögliche Zusammenarbeitsformen für die Umsetzung von Innovationsprojekten

Denken Sie an die Zusammenarbeitsprojekte in Ihrem Unternehmen.
Was hat funktioniert?

Was hat zum Scheitern geführt?

Was werden Sie das nächste Mal anders machen?

Strategie-Fit

Durch die Abklärung des Strategie-Fits wird beurteilt, ob das Innovationsprojekt die angestrebten Unternehmensziele unterstützt. Dies kann in Form einer Checkliste geschehen, wie in Tabelle 18 dargestellt.

Die Innovation …	trifft überhaupt nicht zu	trifft im geringen Maße zu	trifft teilweise zu	trifft wesentlich zu	trifft vollständig zu	Bemerkungen
… hilft uns, unsere Vision umzusetzen						
… hilft uns, unsere Unternehmensziele zu erreichen						
… unterstützt unsere Marktpositionierungsstrategie						
… entspricht unserer Technologiestrategie						
… erfüllt die Anforderungen unserer Produktions- und Logistikstrategie						
… verschafft uns Wettbewerbsvorteile						
… baut auf unseren bestehenden Kernkompetenzen auf						

Tabelle 18: Beispiel einer Checkliste zur Ermittlung des Strategie-Fits

Der Marktpositionierung sollte ein besonderes Augenmerk geschenkt werden. An der Markteinführung scheitern immer wieder Innovationsprojekte, weil die notwendigen Erfahrungen für eine Umsetzung in ähnlichen oder neuen Märkten fehlen. Das Hauptrisiko liegt in diesem Fall nicht in der technischen Realisierung der Innovation, sondern in der Marktumsetzung. Abbildung 34 soll die Zuordnung und Beurteilung der Marktpositionierung von Innovationen unterstützen.

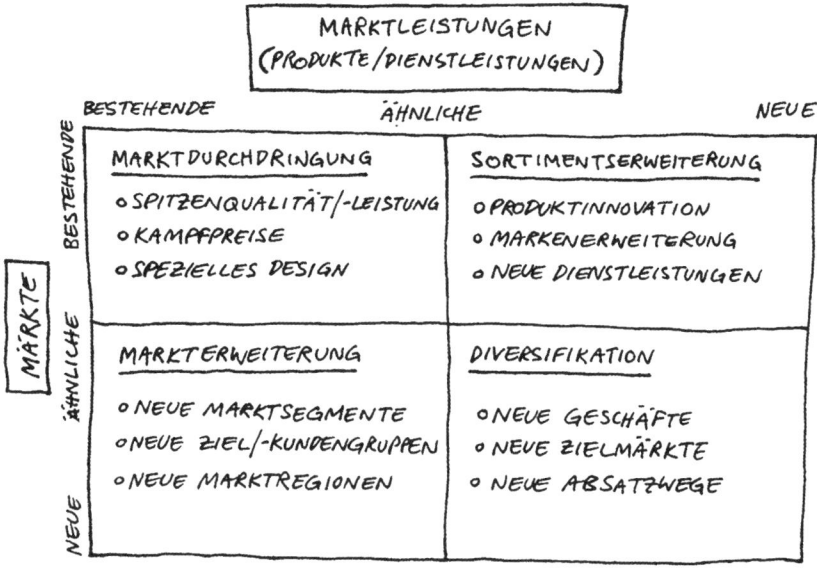

Abbildung 34: Gliederung der Marktpositionierung für die Beurteilung des Strategie-Fits

Aufgrund der einzelnen Beurteilungen geben die Marktexperten im Innovationsteam abschließend eine Gesamtbeurteilung ab. Wenn, wie in Tabelle 18 aufgeführt, Kriterien für die Beurteilung zur Anwendung kommen, werden zum Beispiel 0 Punkte für „trifft überhaupt nicht zu" und 10 Punkte für „trifft vollständig zu" vergeben. Insgesamt können in diesem Fall 70 Punkte erreicht werden, was einer vollständigen Strategiekonformität entsprechen würde.

Erfahrungsgemäß werden immer wieder Innovationen erarbeitet, die zwar interessant und potenziell erfolgreich sind, aber nicht der strategischen

Stoßrichtung entsprechen. Wie kann das Management das erkannte Potenzial dennoch nutzen? Mögliche Alternativen könnten sein: Lizenzvergabe, Management-Buyout oder die Gründung einer neuen Unternehmung mit entsprechender strategischer Ausrichtung.

Wirtschaftlichkeit

In der Phase des Grobkonzepts liegen für Radikal- und Verbesserungsinnovationen oftmals nur ungenügende Informationen für eine genaue Wirtschaftlichkeitsbetrachtung vor. Dennoch müssen diese vagen Informationen mit Annahmen und Szenarien (Worst Case, Middle Case, Best Case) ergänzt werden, um eine erste Wirtschaftlichkeitsbetrachtung durchführen zu können. Somit werden in dieser Frühphase auch die intuitiven Faktoren stark gewichtet. Mit zunehmendem Realisierungsgrad der Innovation werden diese vermehrt durch analytische Faktoren ersetzt, wie im Kapitel „Phase 3" aufgezeigt (siehe Seite 54).

Je nach Innovationsart ist bei der Bewertung der Wirtschaftlichkeit eine Unterscheidung der Berechnungsverfahren sinnvoll. Im Grundsatz kann zwischen statischen und dynamischen Bewertungsverfahren unterschieden werden. Die Entscheidungsträger in einem Unternehmen müssen im Rahmen des Innovationsprozesses im Voraus festlegen, mit welchen einheitlichen Verfahren die jeweiligen Innovationen bewertet werden sollen.

Das Hinzuziehen des Unternehmenscontrollings für die Wirtschaftlichkeitsberechnung ist in dieser Phase empfehlenswert, um die Akzeptanz der Ergebnisse breit abzustützen.

Statische Verfahren	Dynamische Verfahren
▓ Kostenvergleichsrechung	▓ Kapitalwertmethode/
▓ Gewinnvergleichsrechnung	Net Present Value (NPV)
▓ Rentabilitätsrechnung	▓ Annuitätenmethode
▓ Amortisationsvergleichsrechnung	▓ Interne Zinsfußmethode
	▓ Dynamisierte Payback-Methode
	▓ Reale Optionen

Statische Verfahren	Dynamische Verfahren
Stärken	**Stärken**
▦ mit relativ wenig Informationen anwendbar	▦ Berücksichtigung der Geldflüsse während der gesamten Nutzungsdauer
▦ einfach in der Berechnung	▦ Berücksichtigung von Alternativen mit hohem Realitätsbezug
▦ hoher Verbreitungsgrad	
Schwächen	**Schwächen**
▦ keine Berücksichtigung der zeitlichen Veränderungen und deren Einfluss	▦ hoher Grundaufwand für periodengerechte Zuordnung der Geldflüsse
▦ Ungleichgewicht in der Berücksichtigung der Nutzungsdauer	▦ Daten in der Zukunft müssen prognostiziert werden (unsicher)
Einsatzgebiet	**Einsatzgebiet**
▦ kleinere Investitionen mit wenigen Abhängigkeiten	▦ Ganzheitliche Betrachtungen
▦ Investitionen mit geringem Risiko und geringer zeitlicher Bedeutung der Wirkung	▦ Komplexe Investitionsentscheidungen
	▦ Investitionen mit grundsätzlichen Folgen für die unternehmerischen Prozesse

Tabelle 19: Unterschiedliche Bewertungsverfahren für Innovationen

Statische Verfahren eignen sich nur für Innovationsarten mit Investitionen und Risiken im kleineren betrieblichen Umfang und mit einer geringen Realisierungszeit. Die positive Wirtschaftlichkeit ist innerhalb von ein bis zwei Jahren möglich. Bei einer hohen Investitionssumme und einer langen zeitlichen Perspektive der jeweiligen Ausgaben und Einnahmen ist auf dynamische Verfahren zurückzugreifen. Der Aufwand für die dynamischen Verfahren ist meistens wesentlich höher als bei den statischen Verfahren. Der Vorteil der dynamischen Verfahren liegt in der Berücksichtigung der zeitlichen Veränderungen der jeweiligen Einnahmen und Ausgaben. Diese haben eine sehr große Hebelwirkung auf das Gesamtergebnis.

Die wohl häufigste Berechnungsmethode ist die Kapitalwertmethode oder Net Present Value (NPV). Hier ein einfaches Beispiel:

Ausgangslage:

Anfangsinvestition/Anschaffungsausgabe	*EUR 1000*
Zinssatz mit Risikozuschlag	*10 %*
Gleichbleibende Erträge pro Jahr	*EUR 450*
Lebensdauer des Produkts	*3 Jahre*

Folgende Frage gilt es zu beantworten: Ist die Investition von 1000 Euro vom heutigen Zeitpunkt aus gesehen lohnenswert oder nicht?

Die Ertragswerte, die erst in Zukunft anfallen, werden jeweils auf den heutigen Zeitpunkt abgezinst. Die 450 Euro, welche das Unternehmen in einem Jahr erhält, sind von heute aus gesehen nur 409,10 Euro wert. Und die 450 Euro, welche erst in zwei Jahren zurückfließen, sind von heute aus gesehen nur 371,90 Euro wert. Die abgezinsten Erträge – auch Barwerte genannt – ergeben zusammengezählt mehr als die anfängliche Investition von 1000 Euro. Es entsteht nach drei Jahren ein Kapitalwert oder NPV von 119,09 Euro. Die Investition ist somit vorteilhaft.

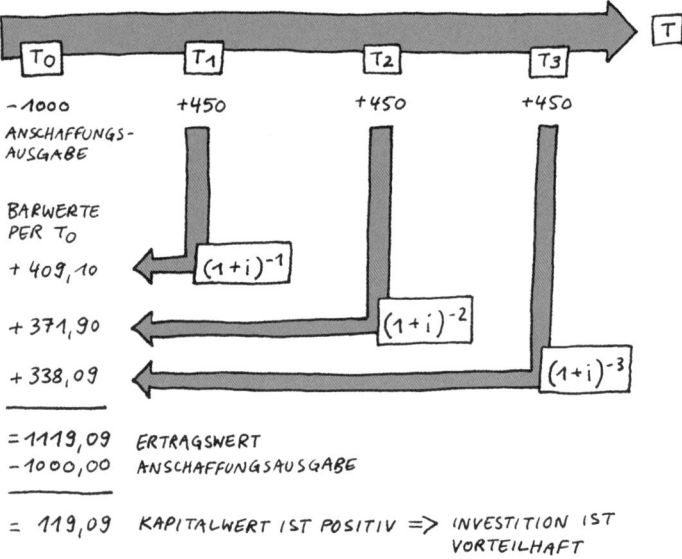

Abbildung 35: Beispiel einer Net Present Value (NPV)-Berechnung

Zusammenfassend kann der Einsatz der jeweiligen Bewertungsverfahren wie in Abbildung 36 dargestellt grob selektiert werden.

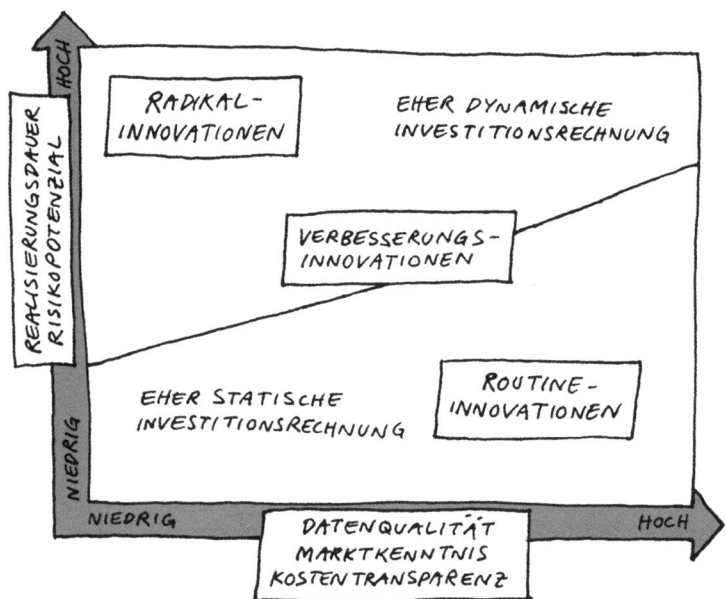

Abbildung 36: Zuordnung der Bewertungsverfahren je nach Innovationsart

Notieren Sie die jeweiligen Verfahren zur Wirtschaftlichkeitsermittlung je Innovationsart, die Sie in Ihrem Bereich für sinnvoll halten.

1.) Radikalinnovationen:

2.) Verbesserungsinnovationen:

3.) Routineinnovationen:

Bemerkungen:

Bewertung Innovationssteckbrief

Für die Bewertung verwendet das Innovationsteam meist vordefinierte Kriterien. Die Kriterien werden zum Beispiel auf einer Skala von 1–10 durch die jeweiligen Fachpersonen im Unternehmen oder durch den Einbezug von Experten beurteilt.

Beispiele von Standardkriterien sind in Tabelle 20 und Tabelle 21 aufgeführt.

R1. Technologische Unsicherheit
- Technologiereife
- Qualitätsanforderungen
- Komplexität

R2. Realisierbarkeit (Time-to-Market Success)
- Wettbewerbssituation
- Marktunsicherheiten
- Know-how

R3. Realisierbarkeit (eigene Organisation)
- Konkurrenz zu anderen neuen Prozessen
- Unsicherheit der internen Wirkung
- Fachwissen, interne Kompetenzen

R4. Wirtschaftliche Unsicherheit
- Investitionsrisiko, Return on Investment
- Ressourcenverfügbarkeit

Tabelle 20: Kriterien für die Bewertung der Innovationsrisiken

A1. Ertragspotenzial
- Wettbewerbsintensität
- Differenzierungspotenzial
- Effizienzpotenzial

A2. Strategie-Fit
- Portfolioergänzung
- Produktlebenszyklus
- Zielvorgaben Unternehmen

A3. Marktzugang/Marktanteilpotenzial
- Eintrittsbarrieren
- Marktpotenzial/-wachstum

A4. Internes Umsetzungspotenzial
- Initiierungsaufwand
- Multiplikation in andere Bereiche

Tabelle 21: Kriterien für die Bewertung der Innovationsattraktivität

Die Kriterien sind von der Branche des Unternehmens und den Innovationen abhängig und individuell zu ergänzen! Eine Beurteilung für eine Innovationsart mithilfe eines Steckbriefes kann dann zum Beispiel wie in Tabelle 22 dargestellt aussehen.

Tipp

Beginnen Sie in Ihrem Unternehmen mit den Standardkriterien und prüfen Sie diese auf die jeweilige Tauglichkeit. Nach einer ersten Beurteilungsrunde werden die Standardkriterien mit den gesammelten Erfahrungen kritisch reflektiert und selektiv angepasst.

Im Innovationsprozess bearbeiten Unternehmen stets mehrere unterschiedliche Ideen und bewerten diese mithilfe der Steckbriefe. Diese unterschiedlichen Steckbriefe werden dann in ein sogenanntes Innovationsportfolio übertragen.

Im Innovationsportfolio werden die jeweiligen Steckbriefe relativ zueinander beurteilt und dargestellt, wie zum Beispiel in Abbildung 37 aufgezeigt. Durch das Ausfüllen des Innovationsportfolios leiten die Geschäftsleitung oder eine Innovationskommission Handlungsempfehlungen für zukünftige Schwerpunkte ab. Jene Innovationen, die eine sehr hohe Attraktivität und (im relativen Verhältnis) ein niedriges Risiko besitzen, sind rasch zu realisieren und dem Feld „Diamanten" zuzuordnen. Risikobehaftete Innovationen mit einer entsprechenden niedrigen Attraktivität sind für die weitere Bearbeitung uninteressant und werden nicht weiter verfolgt. Sie sind im Segment „Katzengold" wiederzufinden. Dort glänzen die Innovationen, die mehr Schein als Sein sind. Diese Steckbriefe können zurück in den Ideenpool fließen. Alle im Segment „Mine" liegenden Innovationen erfordern eine weitere Bearbeitung, bevor ein „Go-Entscheid" für eine nächste Phase gefällt werden kann.

Bewertungsschema

Innovationsrisiko

	sehr klein		klein		mittel		groß		sehr groß	
	1	2	3	4	5	6	7	8	9	10
R1 Technologische Unsicherheit								x		
R2 Realisierbarkeit Time-to-Market-Success				x						
R3 Realisierbarkeit eigene Organisation				x						
R4 Wirtschaftliche Unsicherheit						x				

Mittelwert 6

Innovationsattraktivität

	sehr klein		klein		mittel		groß		sehr groß	
	1	2	3	4	5	6	7	8	9	10
A1 Ertragspotenzial (nutzbares)							x			
A2 Strategie-Fit								x		
A3 Marktzugang / Marktanteilpotenzial								x		
A4 Internes Umsetzungspotenzial									x	

Mittelwert 8

Tabelle 22: Beispiel einer Risiko-Attraktivitäts-Matrix

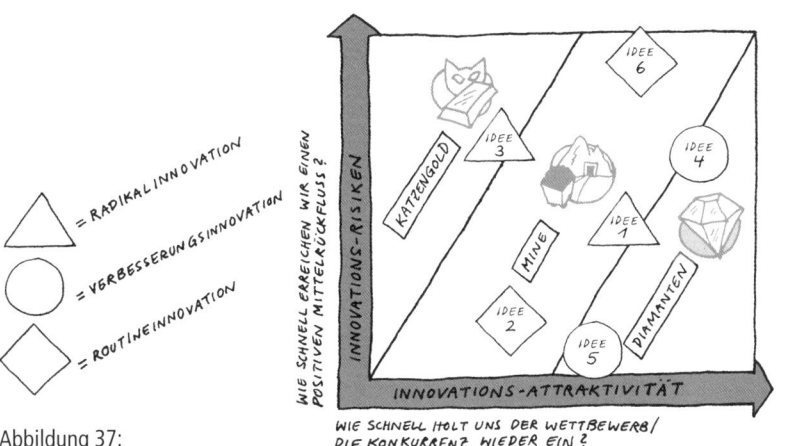

Abbildung 37:
Beispiel eines Innovationsportfolios

Es ist sinnvoll, die verschiedenen Innovationsarten mit unterschiedlichen Farben oder Symbolen darzustellen. Für das weitere Vorgehen sind nun je Innovationsart die zu realisierenden Innovationen eindeutig zu bestimmen.

Feld „Katzengold"
▨ Die Bewertung hat aufgezeigt, dass das Innovationspotenzial zu gering ist.
▨ Die Risiken überwiegen und von einer Weiterverfolgung ist abzuraten.

Feld „Mine"
▨ Das Innovationspotenzial ist attraktiv.
▨ Für einen endgültigen Entscheid sind noch weitere Abklärungen bzw. Sensibilitätsbetrachtungen notwendig; erst dann kann eine weitere Bearbeitung im größeren Rahmen realisiert werden.

Feld „Diamanten"
▨ Für das Unternehmen die attraktivsten Innovationen.
▨ Die Erstellung eines Detailkonzepts und eines Umsetzungsvorschlags ist empfehlenswert und je nach Ressourcenverfügbarkeit zu realisieren.

Auch in diesem Fall gilt die Devise, dass bei der Auswahl das Verhältnis von Radikal- und Verbesserungsinnovationen zu Routineinnovationen 2 : 1 betragen sollte.

Phase 5:
Umsetzungskonzept

„Eine Idee muß Wirklichkeit werden können,
oder sie ist eine eitle Seifenblase.“

BERTHOLD AUERBACH, SCHRIFTSTELLER

In dieser Phase geht es zunächst darum, die Umsetzung des Innovations-projekts vorzubereiten und die Lösungen zu detaillieren. Die Projekt-gruppe sieht sich nun vor hohe Anforderungen gestellt. Im weiteren Verlauf gewinnt das eigentliche Projektmanagement als Hilfsmittel an Bedeutung. Neben der zunehmenden interdisziplinären Zusammenarbeit und Beherr-schung von Schnittstellen finden auch Vorbereitungen für Investitions-entscheide statt. Innerhalb dieser Entwicklungsschritte (Meilensteine) müs-sen laufend Entscheidungen getroffen werden. Diese können im Extremfall zum Abbruch des Projekts führen.

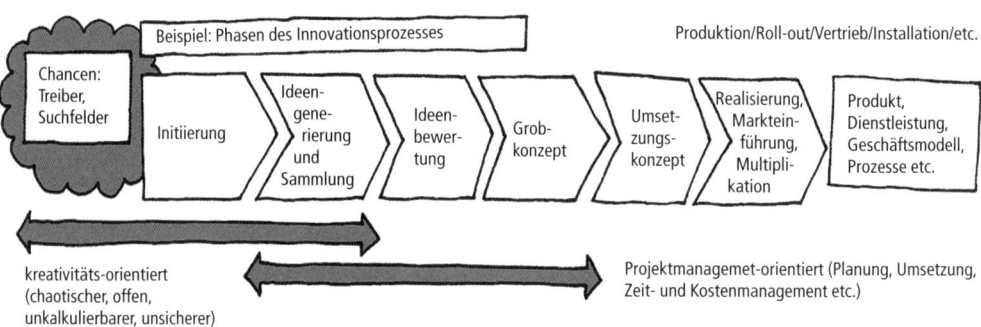

Abbildung 38: Kreative und projektorientierte Ausprägungen im Innovationsprozess

Die Abbildung 38 zeigt, dass die inhaltlichen Tätigkeiten von der eher krea-tivitätsorientierten Phase zur strukturierten projektmanagementorientier-ten Tätigkeit führen. Das heißt nicht, dass Kreativität jetzt keine Rolle mehr spielt. Sie ist jedoch von nun an auf klar abgrenzbare Themenstellungen und Einzelprobleme fokussiert.

Vorgehenskonzept

Je nach Innovationsart wird das Vorgehenskonzept in Form einer Projektplanung von dem zukünftigen Leiter des Innovationsprojekts erarbeitet. Dabei wird die Art der Aufgabenstellung definiert und festgelegt, in welchem Maß Sozialkompetenzen erforderlich sind.

Bei offenen Aufgabenstellungen gibt es viele inhaltliche Möglichkeiten und Alternativen in der Vorgehensweise. Zwischenentscheide müssen eingeplant werden. Fragen und Annahmen, die in der Phase des Grobkonzepts offen geblieben sind, gilt es jetzt zu klären und zu bearbeiten.

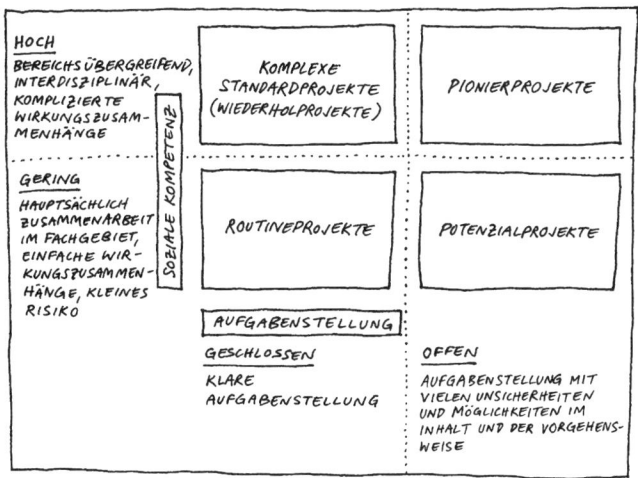

Abbildung 39: Mögliche Strukturierung von Innovationsprojekten

Die Frage nach der Verfügbarkeit von Ressourcen und Kompetenzen führt bei den Verantwortlichen für das Innovationsprojekt oft zu dem Wunsch, weitere mögliche Partner hinzuzuziehen, damit die Innovationsaufgabe bewältigt werden kann. Diese Möglichkeit der Zusammenarbeit mit anderen Unternehmen kann jetzt, aufbauend auf den Erfahrungen der Grobkonzeptentwicklung, erneut geprüft werden. Potenzielle Partner können Lieferanten, Lead-User oder auch Engineering-Unternehmen sein. Ein mögliches Vorgehen zur Auswahl von geeigneten Partnern ist in Abbildung 40 dargestellt.

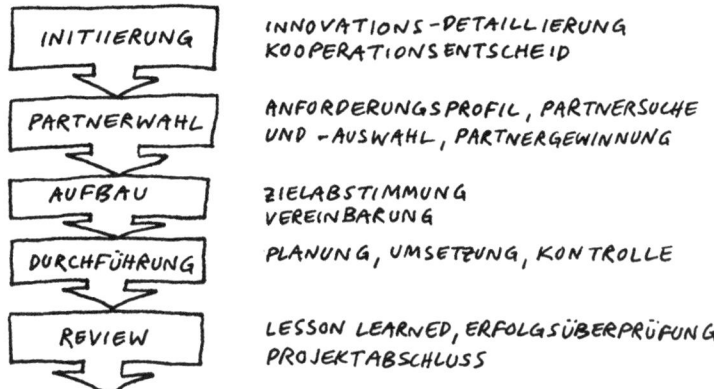

Abbildung 40: Typisches Vorgehen zur Evaluation von geeigneten Partnern

Nach der Partnerfindung wird das konkrete weitere Vorgehen definiert. Das Innovationsprojekt wird dabei zum Beispiel in Teilprojekte aufgeteilt.

Bei der Planung der Teilprojekte sind unter anderem folgende Aspekte zu berücksichtigen:
▨ Themenpakete definieren, Aufgaben strukturieren
▨ Teilzeile formulieren
▨ Beteiligungen planen
▨ Tätigkeiten/Experimente überlegen
▨ Beziehungen zu anderen Teilprojekten identifizieren
▨ Zeit- und Ressourcenaufwand schätzen
▨ Rahmenbedingungen und Ressourcenverfügbarkeit klären
▨ Organisation und Zuständigkeiten regeln

Businessplan

Der Businessplan als aktives internes Führungs- und Planungsinstrument basiert auf dem Innovationssteckbrief (siehe Phase 4, Seite 65). Darin werden die gewonnenen Erkenntnisse und Entscheidungen der jeweiligen Entwicklungsschritte dokumentiert. Letztendlich erstellt so das Projektteam einen durchgehenden Plan, der die wichtigsten geschäftlichen Aspekte beinhaltet.

Die Struktur des Businessplans ermöglicht eine ganzheitliche Sichtweise aller unternehmerischen Aspekte. Für eine typische Verbesserungsinnovation im Bereich von Produkt- oder Dienstleistungsinnovationen kann folgende Grundstruktur gewählt werden:

1. **Zusammenfassung/Management Summary**

2. **Marktleistung (Produkt/Dienstleistung)**
   a. Produkt-/Dienstleistungskonzept
   b. Kundennutzen
   c. Differenzierung im Vergleich zu Konkurrenzleistungen

2. **Technologie**
   a. Gesamtsituation, Reifegrad
   b. Patente/Schutzmechanismen

3. **Strategie-Fit**
   a. Bedeutung in der Sortimentsgestaltung
   b. Strategische Anforderungen, Differenzierungsanforderungen

4. **Markt/Kunde**
   a. Gesamte Marktübersicht (inkl. bisherige Entwicklungen), Segmentierung
   b. Eigene Marktstellung (wo/wie tätig, Absatzkanäle)
   c. Marktbeurteilung (Trends, Eintrittsbarrieren, geschätzte Wachstumsraten)

5. **Konkurrenz**
   a. Benennung der Konkurrenzunternehmen mit Marktstellung, Stärken und Schwächen und deren strategischer Ausrichtung
   b. Konkurrenzprodukte (bestehende, evtl. als Reaktion nachfolgende)

6. **Marketing**
   a. Bearbeitung der Zielmärkte (Kommunikations- und Absatzmittel, Verkaufsförderung)
   b. Leistungsgestaltung (Preis- und Servicepolitik)
   c. Umsatzziele über die Zeit (angestrebte Marktanteile und damit Umsätze in den jeweiligen Marktsegmenten)

7. **Leistungserstellung**
   a. Ort und Organisation der Leistungserstellung
   b. Fertigungsart (intern, extern, kombiniert)
   c. Grundprinzip und Besonderheiten in der Fertigung (z. B. modular, just-in-time, auf Vorrat, Hilfsmittel, etc.)
   d. Beschaffungskonzept (Einkaufsbesonderheiten, evtl. Bezugsquellen von kritischen Komponenten)

9. **Besonderheiten in IT-Strukturen (wenn erforderlich)**
   a. Verfügbarkeit, Sicherheit, Kompatibilität
   b. Entwicklungen innerhalb des Betrachtungsraums der Planung (Release, Ablösungen usw.)

10. **Risikoanalyse**
   a. Interne und externe Geschäftsrisiken
   b. Risikoabsicherung (z. B. Haftungen)

11. **Finanzen/Wirtschaftlichkeit**
   a. Kurz- und langfristige Finanzplanung, Finanzbedarf, Ein-/Ausgaben, Liquiditätsplan
   b. Finanzierungskonzept, Herkunft des Finanzierungsbedarfs, insbesondere bei partnerschaftlichen Entwicklungen

12. **Umsetzungsplan**
   a. Detaillierung der operativen internen Umsetzungsmaßnahmen
   b. Detaillierung der externen, marktspezifischen Maßnahmen

Notieren Sie hier, welche Aspekte des Businessplans in Ihrem Unternehmen fehlen. Überlegen Sie, wie und wo Sie die fehlenden Kriterien einbringen können.

Lösungsdetaillierung

Bei der Lösungsdetaillierung orientiert man sich am Projektplan. Diverse Pflichtenhefte sind zu vervollständigen und teilweise sind noch Lösungsvarianten für Einzelthemen auszuarbeiten. Mit dem zunehmenden Konkretisierungsgrad kommen regelmäßig nicht planbare Anforderungen hinzu, die es zu lösen gilt. Besonders bei Radikalinnovationen muss das Projektteam bei unvorhersehbaren Ereignissen schnell Lösungen finden.

Bei der Detaillierung können die gleichen Hilfsmittel wie bei der Grobkonzepterstellung zum Einsatz kommen (siehe Seite 85). In der Praxis kommt es häufig vor, dass mit zunehmendem Grad der Detaillierungen Anpassungen in anderen Bereichen oder Schnittstellen, bis hin zum Grundkonzept, notwendig sind. Bei Änderungen ist jedoch Vorsicht geboten! Sie sollten in der Qualitätssicherung im Rahmen des Änderungsmanagements systematisch dokumentiert werden. Je weiter die Innovation im Projekt bereits detailliert ist und je mehr Umsetzungsvorbereitungen eingeleitet sind, desto größere Kosten kann dies zur Folge haben, beispielsweise für die Anpassung von Servicedokumenten, amtliche Zulassungen oder Promotionsmaterial.

Welche Probleme im Änderungsmanagement treten während der Detaillierungsphase bei Ihnen im Unternehmen oftmals auf? Welche Ideen zur Lösung der Probleme haben Sie?

Parallel zur Detaillierung von Produkt oder Dienstleistung werden die betrieblichen Aspekte mit vertieft. Die Anpassung des bestehenden Supply Chain- oder Produktionskonzepts, neue Serviceleistungen oder auch der Aufbau von neuen Verkaufsstrukturen können eine notwendige Folge sein. Manchmal geht es sogar noch einen Schritt weiter, wenn der Bau eines neuen Gebäudes, eine neue Infrastruktur oder sogar ein neuer Standort für die Umsetzung der Innovation erforderlich ist.

In den folgenden Kapiteln stellen wir weitere Tools vor, die sich für eine Detaillierung besonders eignen.

Funktions-/Technologiematrix

Mit der Funktions-/Technologiematrix können die zukünftige Produktsegmentierung und die eventuelle Marktzuordnung aufeinander abgestimmt werden. Sie gibt Hinweise für die Definition von Marktsegmenten, relevanten Wettbewerbern und weiteren Produktstrategien. Es können folgende Fragen gestellt werden:

■ Welche Funktionen werden durch das Produkt für das Marktsegment (Kunden) erfüllt?
■ Mit welchen Technologien können diese Funktionen erfüllt werden?

Damit wird festgelegt, welche Grundfunktionen mit welcher Technologie in welchen Marktsegmenten realisiert werden können – auch wenn eventuell Kompromisse gemacht werden müssen. Ein Beispiel kann die Möglichkeit von analogen oder digitalen Ausgängen an Messgeräten sein.

Die Vorgehensweise kann wie folgt beschrieben werden:
1. Definition der relevanten Marktsegmente
2. Benennung der spezifischen Grundfunktionen
3. Zuordnung der Technologien, welche die Grundfunktionen erfüllen (evtl. in Varianten)

Vor- und Nachteile der Funktions-/Technologiematrix

+ Vernetzung von Markt und Technologie ist möglich.	− Technologiewissen muss im Unternehmen in gewissem Maß vorhanden sein.

+ Zusammenarbeit von Markt- und Entwicklungsverantwortlichen wird gefördert.

− Zuordnung der Technologien zu Funktionen ist eher subjektiv, wirkliche Auswirkungen in der Umsetzung sind nicht bekannt.

+ Technologiemanagement im Unternehmen wird unterstützt.

− Es besteht die Gefahr einer Technologisierung der Lösung.

Die FMEA-Methode

Die FMEA-Methode (Failure Mode and Effect Analysis) wird angewendet, um potenzielle Schwachstellen und deren Folgen in einem Konzept oder einer bestehenden Lösung zu finden und zu quantifizieren. Sie dient sowohl der Fehlervermeidung als auch der Sicherstellung der zukünftigen technischen Zuverlässigkeit. Unternehmen verlangen oftmals von Lieferanten, mit ihrem Produkt die Ergebnisse einer FMEA mitzuliefern.

Prozess-schritt	Fehlerart	Fehler-folge	Fehler-ursache	Verhütungs- und Prüf-maßnahmen	...

Tabelle 23: Vereinfachte FMEA-Darstellung

Blueprint-Methode

Blueprint heißt übersetzt eigentlich „Blaupause". Im Sprachgebrauch trifft man zum Beispiel auf die Aussage: „Diesen Blueprint kann man übernehmen". Das bedeutet nichts anderes, als dass die beschriebene Lösung bereit für die Umsetzung ist.

Dienstleistungsprozesse können mit der Blueprint-Methode sehr gut detailliert und visualisiert werden. Dabei wird zwischen Kunden- und

Anbietersicht unterschieden und der Kontakt zwischen beiden als Ablauf-
diagramm dargestellt. Das Ziel ist, Prozesse möglichst einfach und effizient
zu gestalten und transparent zu machen. Im weiteren Verlauf können weitere Aspekte wie Leistungsfähigkeit, Ressourcen usw. integriert werden. Wie
in Abbildung 41 dargestellt, sind oberhalb der Sichtbarkeitslinie im dunk-
len Bereich beide Seiten im direkten Kontakt.

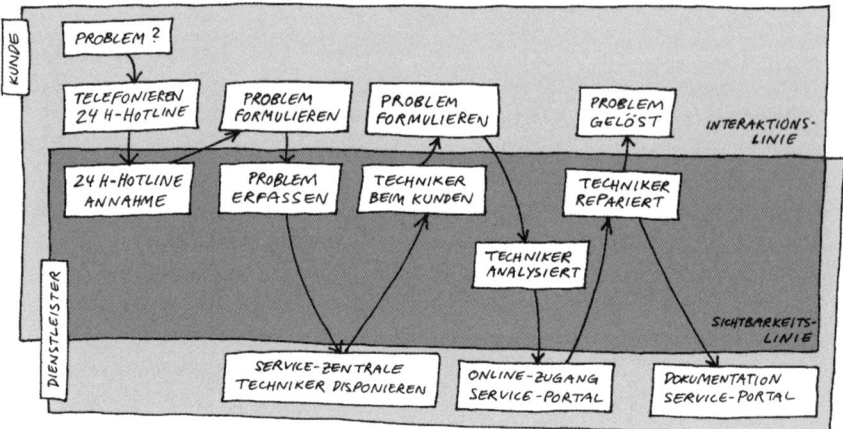

Abbildung 41: Beispiel eines Service-Blueprints

Weitere mögliche Formen der Prozessdarstellung sind:
- Datenflussdiagramme
- Ereignisgesteuerte Prozesskette
- Funktionshierarchiediagramme
- Vorgangskettendiagramme
- Sequenzdiagramme
- Aktivitätsdiagramme

Tipp

Die Blueprint-Methode eignet sich sehr gut, um in einer frühen Umsetzungsphase bereits Verschwendungen zu vermeiden. Typische Schnittstellenprobleme
werden rechtzeitig erkannt. Aus Erfahrung werden dem Faktor Zeit und der Elimi-
nierung von Schritten ohne Wertschöpfung durch die Blueprint-Anwendung ent-
gegengewirkt.

Testaufbauten, Prototypen und Simulationen

Innovationen haben auch vor Verfahren der Prototypenherstellung nicht halt gemacht. Heute gibt es eine Vielzahl von Möglichkeiten, Prototypen herzustellen. Ein auf elektronischen Daten basierendes virtuelles Computermodell ermöglicht zum Beispiel die Durchführung von Tests und Simulationen auf unterschiedlichen Detaillierungsebenen. So können Prozesse modelliert und Tests durchgeführt werden. Ohne großen wirtschaftlichen Aufwand können so zum Beispiel Montagetests, Unterhaltsarbeiten, Standfestigkeiten oder Brucheigenschaften geprüft werden. Dies ermöglicht es, Grenzen auszuloten und Korrekturen noch vor der endgültigen Inbetriebnahme vorzunehmen.

Selbst physische Modelle wie zum Beispiel Prototypen für das Gehäuse eines Dampfhochdruckreinigers oder einer Gebäudeverkleidung werden von dem Projektteam in Feldtests eingesetzt. So werden bereits in einer frühen Test- und Umsetzungsphase möglichst reale Erfahrungswerte im jeweiligen Einsatzgebiet gesammelt; parallel dazu wird die Umsetzung weiter vorangetrieben.

Auswahl von Prototypenverfahren	Eingesetzte Werkstoffe
3D-Printing	Kalkpulver mit Epoxidhülle
Contour Crafting (CC)	Beton
Fused Deposition Modeling (FDM)	ABS, Polycarbonat
Lasergenerieren	Metallpulver
Laminated Object Modelling (LOM)	Aufbau von dünnen Schichten aus verschiedenen Materialien wie Aluminium, Keramik, Papier oder Kunststoff
Multi Jet Modeling	wachsartige Thermoplaste, UV-empfindliche Photopolymere
Polyamidguss	Polyamide
Selektives Lasersintern (SLS)	Thermoplaste: Polycarbonate, Polyamide, Polyvinylchlorid und auch Metalle
Space Puzzle Molding (SPM)-Verfahren	Herstellung von Kunststoffteilen aus Originalmaterial, nahezu in Serienqualität
Stereolithografie (STL oder SLA)	flüssige Duromere

Tabelle 24: Auswahl von Verfahren zur physischen Prototypenherstellung

Die Evaluation eines geeigneten Verfahrens zur Prototypenherstellung wie auch zur Durchführung von Tests und Simulationen erfolgt aufgabenspezifisch. Eine Auswahl von verschiedenen Verfahren ist in Tabelle 24 dargestellt.

Bei Radikalinnovationen, oft auch bei Verbesserungsinnovationen, ist der Einsatz von Prototypen und Simulationen kaum mehr zu umgehen.

Tipp

Die Erstellung von Prototypen und die Durchführung von Tests finden zielgerichtet statt. Aus Zeitgründen wird oft auf die Durchführung von Feldtests verzichtet oder diese werden nur oberflächlich durchgeführt. Dies führt in den meisten Fällen später zu großen Qualitätsproblemen und Kostenfolgen, wenn die Dienstleistung oder das Produkt bereits im Markt ist. Daher ist es ratsam, diesen Schritt nicht einfach zu überspringen.

Erweiterte Schutzrechte

Neben der ständigen Prüfung der Patentwürdigkeit während der Detaillierung sind weitere Schutzrechtbetrachtungen (zum Beispiel Gebrauchsmusterschutz, Geschmacksmusterschutz, Markenschutz, Urheberschutz) zu berücksichtigen. Je nachdem, wie das betreffende Unternehmen die jeweiligen Schutzmechanismen strategisch bewertet, baut es diese gezielt auf. Ein Patentanwalt kann in dieser Situation fachliche Unterstützung leisten. Auch die Entwicklungen im Umfeld müssen beobachtet werden. Wenn im Projektverlauf und vor allem in der Umsetzung Rechtsstreitigkeiten wegen Schutzverletzungen entstehen, ist dies sehr kostspielig und kann die strategischen Ziele des Unternehmens gefährden. Der Einsatz des Patent-Monitoring und der Einbezug eines Patentexperten können die Tätigkeit wesentlich unterstützen. Es kann intern durchgeführt oder als externe Dienstleistung in Auftrag gegeben werden.

Personen-Ressourcen-Aufteilung

Für eine Abstimmung von unterschiedlichen Funktionen und Leistungen innerhalb eines Konzepts reicht die eindeutige Zuteilung von Verantwortlichkeiten meistens aus. Die Mitarbeitenden können so mit ihrem fachspezifischen Wissen selbstständig die Entwicklung vorantreiben. Jeder weiß, wer für was verantwortlich zeichnet. Dies vereinfacht das Arbeiten und die Umsetzungsvorbereitung in interdisziplinären Teams oder in Teams an unterschiedlichen Standorten sehr.

Ein Beispiel ist in Tabelle 25 dargestellt. Es wird ersichtlich, dass es durchaus Sinn macht, auch die Rolle des Kunden im Detaillierungsprozess zu berücksichtigen. Denn der Kunde übernimmt immer öfter Tätigkeiten, die früher ein Mitarbeiter im Unternehmen ausgeübt hat. Zum Beispiel kann heute eine Onlinebestellung direkt zur Verarbeitung in das Unternehmen geschickt werden. Früher musste ein Mitarbeiter die per Fax geschickte Bestellung nochmals in einem EDV-System erfassen, bevor diese weiterverarbeitet werden konnte.

Bereich / Person

A = ausführend
M = mitwirkend
B = beratend

Tätigkeit	Disponent	Administration	Service Elektro	Service Mechanik	Hotline	Verkauf	Einkauf	IT / Webshop	Kunde
Disposition	A					B	B		A	M
Kontrolle des Gerätes, Vollständigkeit			A	A			B		
Geräteübergabe			M	M		A			M
Vertragsausstellung		A							
Geräterücknahme			M	M		A			A
Rechnungsstellung		A							
Geräteservice			A	A					

Tabelle 25: Auszug eines Mietservices für Maschinen

Welche Hilfsmittel wollen Sie zukünftig zusätzlich bei der Detaillierung von Innovationen einsetzen?

Markteinführungskonzept

Parallel zur Entwicklung des eigentlichen Produkt- oder Dienstleistungskonzepts und der Leistungserstellung findet die Erstellung des Markteinführungskonzepts statt. Die Basis dafür ist bereits im Businessplan definiert. Das Markteinführungskonzept beinhaltet die jeweiligen Anforderungen und Maßnahmenschritte für die eigentliche Markteinführungsphase. Die Koordination und Abstimmung der Schnittstellen im Unternehmen ist bei dieser Aufgabe sehr wichtig. Oft wird diese Tätigkeit von einem Produktmanager übernommen.

Der Inhalt eines Markteinführungskonzepts kann wie folgt gestaltet werden:
1. Grundparameter aus dem Businessplan (Marktsegmente mit Zielkunden, Kundennutzen, kaufentscheidende Faktoren und Positionierungen im Markt)
2. Eintrittsbarrieren je Marktsegment
3. Umsetzungspartner, Absatzmittler
4. Testphasen (Zeit, Häufigkeit)
5. Produktziele (Kosten, Liefermengen, Preispolitik)
6. Stückzahlen für den Herstellungsanlauf
7. Zeitliche Planung der Marketing- und Vertriebsmaßnahmen
8. Kosten der Markteinführung
9. Risikobetrachtung

Darauf aufbauend wird der jeweilige Markteinführungsplan erstellt, welcher konkrete inhaltliche Teilaspekte pro Einführungssegment beinhaltet:
1. Reihenfolge Marktplatzierung (Start-up-Kunden)
2. Verwendete Vertriebskanäle
3. Produktspezifikationen (Wettbewerbsargumente, Varianten, Release etc.)
4. Preistabellen, Kalkulationshilfen, Konditionen, Lieferbedingungen etc.
5. Kommunikations-Mix
6. Notwendige Schulungen, Promotionen
7. Verkaufsförderungsmaßnahmen
8. Termin- und Budgetplanung

Wenn Sie an Ihre letzten Markteinführungskonzepte denken: Was hat funktioniert, was nicht, und wo sehen Sie Handlungsbedarf?

Risikomanagement

Risikomanagement dient dazu, Erfolgspotenziale zu sichern und die Qualität der Planungen des Innovationsvorhabens zu verbessern. Das Risikomanagementsystem bei Innovationen stellt durch organisatorische Regelungen sicher, dass Risiken frühzeitig identifiziert und regelmäßig bewertet werden. Im Projektverlauf treten ständig Veränderungen auf, die eine neue Lagebeurteilung erfordern. Eine Prävention und damit eine rechtzeitige, angemessene und effiziente Reaktion auf unerwünschte Entwicklungen kann aktiv angegangen werden.

Ein weiterer Grund, das Risikomanagement aktiv zu betreiben, ist, dass gesetzliche Forderungen und Vorgaben darüber bestehen, wie in gewissen Branchen Entwicklungen und Geschäftstätigkeiten zu gestalten sind. Risikomindernde Maßnahmen muss das Unternehmen selbst gestalten und bei Bedarf nachweisen.

Mögliche potenzielle Risiken bei Innovationsprojekten können sein:
- Technologie
- Markt
- Finanzen
- Qualität
- Termine
- Organisation
- Politik/Umwelt

Die Projektrisiken gefährden dabei die Realisierung des Projekts. Nutzungsrisiken fallen nach der Projektrealisierung an, wenn zum Beispiel die Lösung intern nicht verwendet wird oder die Markteinschätzungen falsch waren.

Wenn über Risiken gesprochen wird, muss gleichzeitig auch über die Maßnahmen geredet werden, die ergriffen werden können, um die Risiken abzuschwächen. Beispiele dafür können sein:
- Risiken auf Innovationspartner und Lieferanten verteilen
- Risiken vertraglich ausschließen
- Risiken versichern, sofern möglich
- Aktiv vorbeugende Maßnahmen treffen
- Risiken von Beginn an mit einkalkulieren
- Spezielle finanzielle Risiken von Beginn an abschreiben

Eine wichtige Quelle für die Aufdeckung der einzelnen Risikoaspekte stellt unter anderem die FMEA dar (siehe auch Seite 127).

Wenn Sie an vergangene Innovationsprojekte denken, was hat beim Risikomanagement funktioniert und was nicht?

Welche Lücken gilt es noch im Risikomanagement zu schließen? Notieren Sie hier mögliche Maßnahmen oder Überlegungen.

Umsetzungsplan

Parallel zur Gestaltung des Vorgehensplans, der Lösungsdetaillierung und der Erstellung des Markteinführungskonzepts muss der interne Umsetzungsplan entwickelt werden. Es wird nicht nur das Produkt technisch realisiert, sondern es werden auch die notwendigen Zulieferer, Produktionseinheiten, Service-Fachstellen, Recycler usw. mit in die Umsetzungsplanung einbezogen. Der Umsetzungsplan ist somit das Kontrollinstrument für den Projektfortschritt und geht über die eigentliche Markteinführung hinaus, denn er berücksichtigt auch die Übergabe bzw. Integration der Innovation in die Linientätigkeit. Am Ende des Umsetzungsplans ist die eigentliche Projektorganisation beendet und die Aufgaben, Verantwortlichkeiten und Tätigkeiten werden in die bestehenden Strukturen übergeben.

Im Umsetzungsplan werden die logischen Zusammenhänge und Abhängigkeiten von Teilprojekten, Arbeitspaketen oder einzelnen Tätigkeiten dargestellt. Die Vorgehensschritte sind in Meilensteine aufgeteilt und die Tätigkeitsreihenfolgen sind festgelegt. Um den Überblick zu erhalten, setzt man bei einfachen Projekten Tätigkeitslisten ein, wie sie beispielhaft in der Abbildung 42 dargestellt sind.

NAME ARBEITSPAKET	BESCHREIBUNG	ZEIT-AUFWAND	ABGABE-TERMIN	VERANT-WORTLICH	KOSTEN
		TOTAL			TOTAL

Abbildung 42: Darstellung einer Tätigkeitsliste für einen Umsetzungsplan

Für eine bessere Übersicht empfiehlt es sich, die einzelnen Arbeitspakete oder Teilprojekte grafisch in Form eines Balkendiagramms abzubilden.

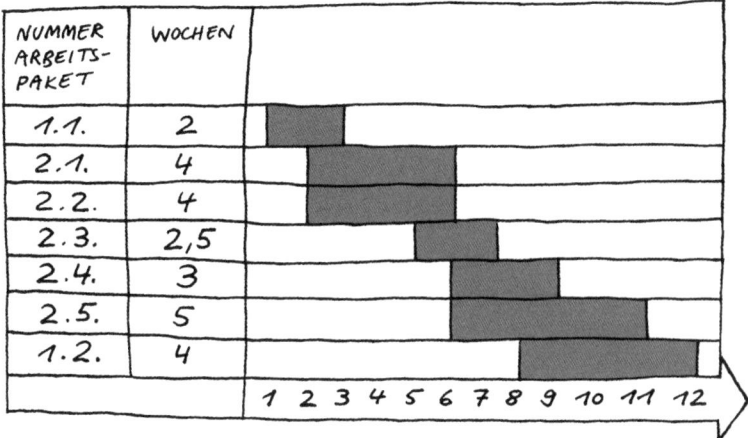

NUMMER ARBEITS- PAKET	WOCHEN
1.1.	2
2.1.	4
2.2.	4
2.3.	2,5
2.4.	3
2.5.	5
1.2.	4

Abbildung 43: Darstellung eines Balkendiagramms

Ein umfassendes Planungsinstrument für komplexe Projekte ist die Netzplantechnik. Sie bietet einen Überblick über den Projektablauf, inklusive der eindeutigen Darstellung der Abhängigkeiten einzelner Vorgänge. In einer vollständigen Darstellung (siehe Abbildung 44) wird die zeitintensivste Ablauffolge erkennbar, was den kritischen Pfad darstellt. In dem Beispiel der Abbildung 44 würde dies heißen, dass das Arbeitspaket 4 (AP 4) frühestens in Woche 4 starten kann und bis Woche 12 dauert. Dann erst kann das Arbeitspaket 6 (AP 6) starten. Das Arbeitspaket 5 (AP 5) ist bereits in Woche 10 fertig, dies ist jedoch nicht zeitkritisch, weil das AP 4 bis Woche 12 andauert. Etwaige Konsequenzen wie Terminverschiebungen werden im Netzplan ersichtlich.

Die Inhalte und die Vorgehensweise der Umsetzungsplanung sind normalerweise in den unternehmensspezifischen Vorgaben des internen Projektmanagements festgehalten. Eine Unterscheidung der Umsetzungsplanung gemäß den Innovationsarten mit ihren Besonderheiten stellt einen wesentlichen Erfolgsfaktor dar. So werden Routineinnovationen oftmals ohne große Projektmanagementtätigkeiten parallel zum Tagesgeschäft von den Mitarbeitern umgesetzt. Radikalinnovationen können hingegen ohne ein fundiertes Projektmanagement und abgestimmte Umsetzungspläne so gut wie nicht realisiert werden. Somit verlangt die Umsetzungsplanung für Radikal-, Verbesserungs- und Routineinnovationen unterschiedliche In-

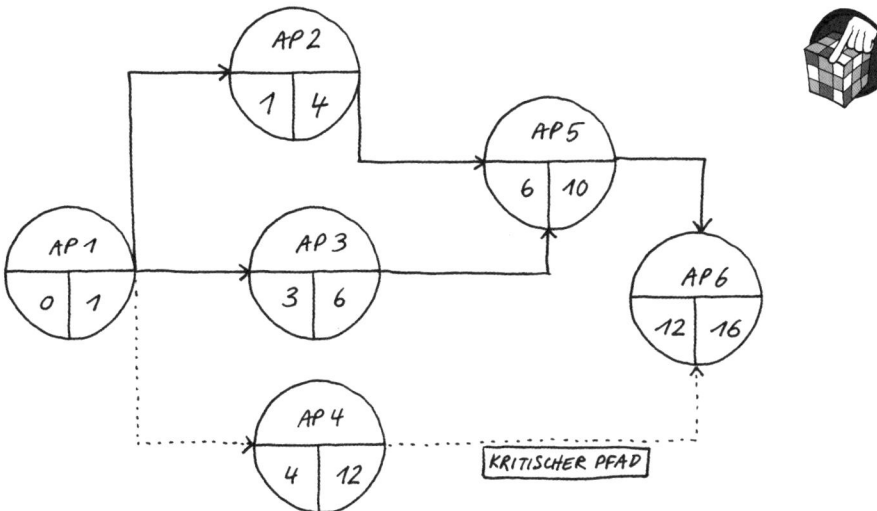

Abbildung 44: Prinzip eines Netzplans

halte und Vorgehensweisen für die Realisierung. In Unternehmen ist diese Unterscheidung im Projektmanagement jedoch bisher nur selten zu finden.

Tipp

Nützliche Informationen zum Thema Projektmanagement sind auf der Website der Deutschen Gesellschaft für Projektmanagement e. V. unter *www.gpm-ipma.de* oder der Schweizerischen Gesellschaft für Projektmanagement unter *www.spm.ch* zu finden.

Umsetzungsfreigabe

Bei der Umsetzungsfreigabe wird von den Entscheidern oder der Geschäftsleitung primär auf den Businessplan geschaut. Ein Vergleich von unterschiedlichen Lösungen kommt nur dann in Frage, wenn im Vorfeld bewusst parallele Varianten bis nahe zur Umsetzung entwickelt wurden, um eine Art internen Wettbewerb für die beste Lösung aufzubauen.

Ansonsten werden nur drei wesentliche Aspekte für die Beurteilung herangezogen:

1. Wirtschaftlichkeit
2. Verfügbarkeit der Ressourcen, um eine erfolgreiche Umsetzung sicherzustellen
3. Realisierungszeit (passt diese mit den anderen, bereits laufenden Projekten zusammen?)

Im Ausnahmefall fügt das Management noch eine weitere Dimension hinzu, nämlich die Frage: Welchen Wettbewerbsverlust erleiden wir, wenn wir das Innovationsprojekt nicht realisieren?

Da die Investitionen in die Umsetzung von Radikal- und Verbesserungsinnovationen mittel- bis langfristigen Charakter haben, bedeutet die Freigabe auch gleichfalls die Untermauerung der eingeschlagenen Strategie. Denn die Wirkung der Umsetzung wird nicht unmittelbar nach dem Umsetzungsentscheid spürbar sein.

Phase 6: Realisierung, Markteinführung, Multiplikation

„Hebt man den Blick, so sieht man keine Grenzen."

Chinesisches Sprichwort

In der letzten Phase des Innovationsprozesses zeigt sich, wie gut die Vorarbeiten bewältigt wurden. Jetzt kommt es darauf an, dass alle Unternehmensbereiche sich miteinander abstimmen und zusammen an der Umsetzung arbeiten. Auch in dieser Phase werden neue Fehler oder ungelöste Aufgaben erkannt. Diese sind schnell zu lösen, um einen zeitlichen Verzug zu vermeiden.

Für die Unternehmensentwicklung ist in dieser Phase nicht nur die Umsetzung der erarbeiteten Innovation von Bedeutung. Gleichzeitig ist auch zu prüfen, in welchem Unternehmensbereich die Innovation noch weiteres Verwertungspotenzial in Form einer Mehrfachverwendung der getätigten Investitionen hat. Zum Beispiel kann ein mit viel Forschungs- und Entwicklungsaufwand neu entwickeltes Material mit einer wasserabweisenden Oberfläche vielleicht auch in anderen Produktbereichen des Unternehmens eingesetzt werden.

Betriebliche Realisierung

Wenn die Innovation sämtliche Hürden der Entscheidungsprozesse gemeistert hat, steht der Realisierung nichts mehr im Weg. Zu diesem Zeitpunkt sind in den meisten Fällen bereits Vorleistungen und Vorinvestitionen getätigt worden.

Bei Routineinnovationen ist der Aufwand sehr stark vom Veränderungsgrad der bestehenden Situation abhängig. In vielen Fällen sind neben technischen Anpassungen auch Ergänzungen in Begleitdokumenten und im Änderungswesen notwendig. Hier müssen die jeweiligen Mitarbeiter in den betroffenen Abteilungen vom Projektteam im Unternehmen informiert oder auch geschult werden. Der Aufwand ist meist überschaubar und die Wirkung relativ schnell erkennbar. Bei Verbesserungs- und Radikalinnovationen sieht die Situation anders aus. Die Realisierung im Betrieb erfordert das Hinzuziehen unterschiedlicher Personengruppen und Experten. Der Informationsaufwand sowie die Schulung der Mitarbeitenden in Produktion, Service, Verkauf etc. ist nicht zu unterschätzen. Bei der Beschaffung von Hilfsmitteln oder ganzen Infrastrukturen kommt die Leistungsfähigkeit des internen Projektmanagements zum Tragen. Auch die Abstimmung aller Schnittstellen wird durch das Projektmanagement bewältigt.

Als Erfolgsfaktoren für eine Realisierung von Innovationsvorhaben gelten:
- hohe Transparenz des geplanten Ablaufs und des aktuellen Stands
- offene und zeitnahe Kommunikation über den Projektstatus und notwendige Veränderungen
- intensive Absprachen und Abstimmungen zwischen Entwicklung, Verkauf, Service und Leistungserstellung

Die folgende Checkliste gibt eine Vorstellung von den zu berücksichtigenden Aspekten.

Betriebliche Realisierung

✔ Das Topmanagement unterstützt die Innovation im hohen Maße und verankert die Umsetzung strategisch.
✔ Das Commitment zum Erfolg der Innovation ist vorhanden.
✔ Die zur erfolgreichen Umsetzung notwendigen Ressourcen werden vom Topmanagement zur Verfügung gestellt.
✔ Das Topmanagement schafft ein positives Umfeld der Innovationsumsetzung.
✔ Die Umsetzung geschieht systematisch mit Zielen und bewährten Instrumenten.
✔ Der Fortschritt und die Veränderungen werden gemessen.
✔ Die beteiligten Bereiche arbeiten eng zusammen und koordinieren den Ressourceneinsatz.

✔ Regelmäßig findet ein Informationsaustausch zum Umsetzungsstand und zu kritischen Tätigkeitsschritten statt.

✔ Es wurden bereichsübergreifende Prozesse festgelegt, die die Umsetzung fördern.

✔ Die Umsetzung erfolgt kollegial.

✔ Die externen Partner sind aktiv in den Umsetzungsprozess integriert.

✔ …

Tabelle 26: Auszug Checkliste für die betriebliche Realisierung

Notieren Sie hier, wo Sie in der Vergangenheit bei der betrieblichen Realisierung einer Innovation die größten Hürden sahen.

Welche Möglichkeiten gibt es, um die Hürden das nächste Mal zu reduzieren?

Markteinführung

Die Markteinführung von Routineinnovationen läuft meistens in standardisierten Prozessen ab. Durch die Regelmäßigkeit von derartigen Innovationen können Prozesse vordefiniert und auf Grundlage der Erfahrungen ständig optimiert werden.

Bei Produkten und Dienstleistungen aus Radikal- und Verbesserungsinnovationen ist die Markteinführung risikoreicher. Die Ausgangssituation ist oft einmalig und nicht wiederholbar. Der Aufwand für interne Vorarbeiten einschließlich Marketing für die neue Lösung ist nicht zu unterschätzen.

Folgende Leistungen sollten für eine Markteinführung bereits vorbereitet sein:
- Planung der Anzeigenschaltungen
- Broschüren erstellen (Printmedien und Online)
- Ergänzungen der Website
- Newsletter
- Messevorbereitungen
- Verkaufswettbewerbe
- Pressemappen und Pressemeldungen
- Übersicht der Wettbewerber für Verkäufer
- Demogeräte, Demos auf CD oder auf USB-Sticks
- Präsentationssimulationen
- Referenzlisten
- Umgang mit Schlüsselkunden
- Planung und Abstimmung von Kundenbesuchen
- Hausmessen

Zu diesem Zeitpunkt sollten weitere wichtige Kernfragen beantwortet sein. Sie sind beispielhaft in der Tabelle 27 zusammengestellt.

Markteinführung

- ✓ Das Verständnis der grundlegenden neuen Bedürfnissen der Kunden ist definiert und kommunizierbar.
- ✓ Der neue Nutzen für die Kunden in den jeweiligen Segmenten ist eindeutig beschrieben.
- ✓ Die Marktbearbeitung ist differenziert auf die unterschiedlichen Segmente und Bedürfnisse ausgerichtet.
- ✓ Die Ressourcen sind je nach Marktattraktivität aufgeteilt.
- ✓ Die Kundenbindungsmaßnahmen sind beschrieben und Verantwortlichkeiten sind geklärt.
- ✓ Die Werte der neuen Leistung aus Kundensicht sind bekannt und werden in der Kommunikation eingesetzt.
- ✓ Der Nutzen im Vergleich zu Konkurrenzleistungen ist quantifizier- und kommunizierbar.
- ✓ Die wirtschaftlichen Vorteile der neuen Lösung können den Kunden aufgezeigt werden.
- ✓ Ein Argumentationsleitfaden ist erstellt, um auf Kundeneinwände eingehen zu können.
- ✓ Der Argumentationsleitfaden wurde verteilt und mit den betroffenen Personen trainiert.
- ✓ Die Fähigkeiten zur Durchsetzung der Preise wurde bei den Mitarbeitenden gezielt geschult.
- ✓ Die leistungsbezogenen Konditionen sind bestimmt und die Hilfsmittel dazu erstellt.
- ✓ Sonderpreise werden nur für besonders hohe Auftragswerte vergeben (Entscheidungsinstanz).
- ✓ Der Ablöseprozess von neuen und alten Produkten ist geplant und wird restriktiv umgesetzt.
- ✓ Die Vertriebsmitarbeiter verkaufen die alten Produkte nicht mehr aktiv.
- ✓ Die Vertriebsmitarbeiter kennen den lösungsorientierten Einsatz der neuen Produkte.
- ✓ Die Absatzmittler und externen Beeinflusser sind bekannt und werden aktiv unterstützt.
- ✓ Die Erfolgsfaktoren der Markteinführung und die Barrieren sind allen bekannt und werden ständig beobachtet.

Tabelle 27: Checkliste Markteinführung

Multiplikation

Nach der erfolgreichen Realisierung und Markteinführung besitzen Radikal- und Verbesserungsinnovationen in den meisten Fällen ein weiteres, oftmals ungenutztes Innovationspotenzial: die Multiplikation. Die gewonnenen Erkenntnisse und die als hervorragend eingestuften Funktionen oder Leistungen können auf die Verwertung in anderen bestehenden oder neuen Bereichen hin überprüft werden. Beispiele hierfür sind:

- Verwertung einer Technologie in anderen Produkten
- Verbreitung des Produkts in angrenzenden oder neuen Marktsegmenten
- Ausbau der Leistung als kundenspezifisches Angebot
- Weiterbearbeitung der Innovation in Open-Innovationsprozessen
- Gezielte Vergabe von Lizenzen an branchenfremde, nicht in Konkurrenz stehende Unternehmen, zum Beispiel in nicht bearbeitete Auslandmärkte

Mit dem Multiplikationsgedanken wird der Kreis wieder zur Ideenphase hin geschlossen. Unternehmen sollten aktiv den Multiplikationsprozess als Impuls für die Verwertung der eingesetzten Ressourcen bei Radikal- und Verbesserungsinnovationen gestalten.

Als Hilfsmittel zur Verwertung von neuen Technologien in anderen Marktsegmenten kann mit der Technologie-Markt-Matrix gearbeitet werden, wie sie in der Tabelle 29 dargestellt ist. Allein die Diskussion von möglichen Verwertungsfeldern und eventuell die Erstellung einer Verwertungsstrategie fördern den breiteren Einsatz der Innovation.

Ein gutes Beispiel der Verwertung einer neuen Technologie ist der Klettverschluss. Er kommt seit über 50 Jahren in den unterschiedlichsten Bereichen mit der gleichen Grundfunktion zum Einsatz.

Ein weiteres Beispiel: Eine Versicherung hat den Verkauf von Versicherungsleistungen über das Versenden einer SMS realisiert. Nun wird dieser Prozess in unterschiedlichen Angeboten ergänzend zu den bestehenden Leistungen weiter ausgebaut.

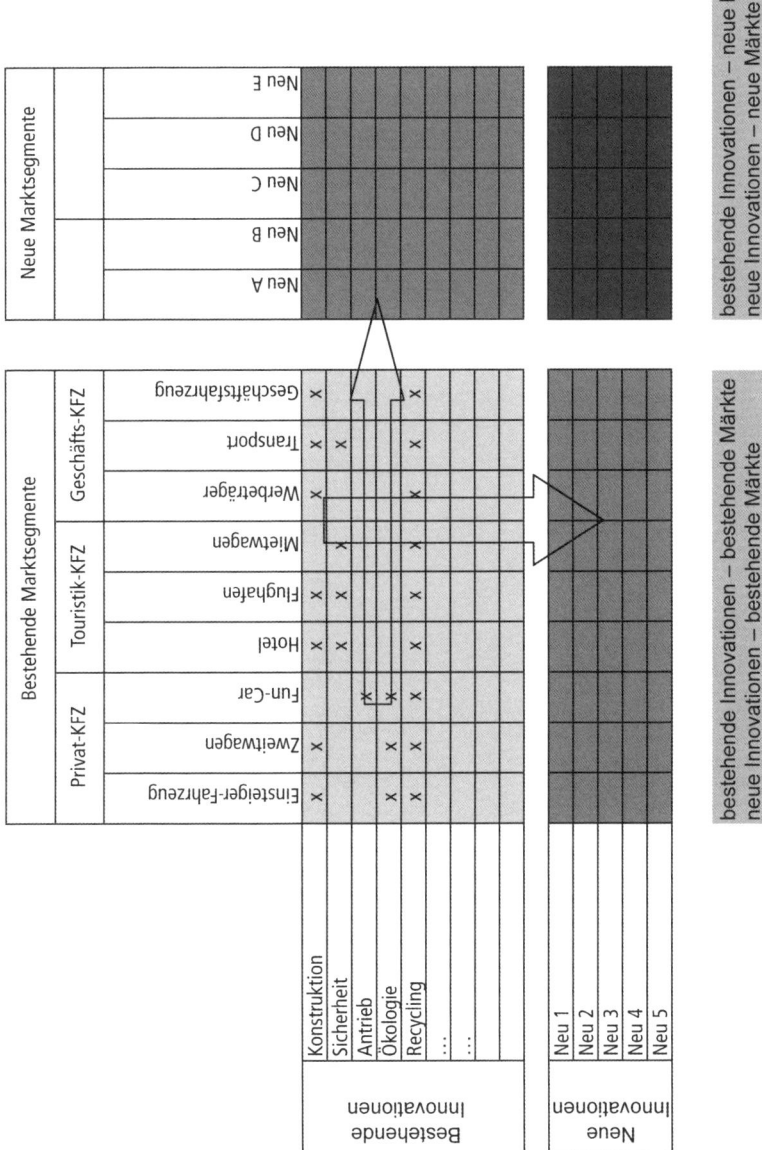

Tabelle 28: Technologie-Markt-Matrix zur Multiplikation von Innovationen

Analog zu den physischen Produkten ist die Multiplikation von Dienstleistungen in unterschiedliche Bereiche mit neuartigen Ausprägungen denkbar. Eine Anregung dazu finden Sie in der Abbildung 45.

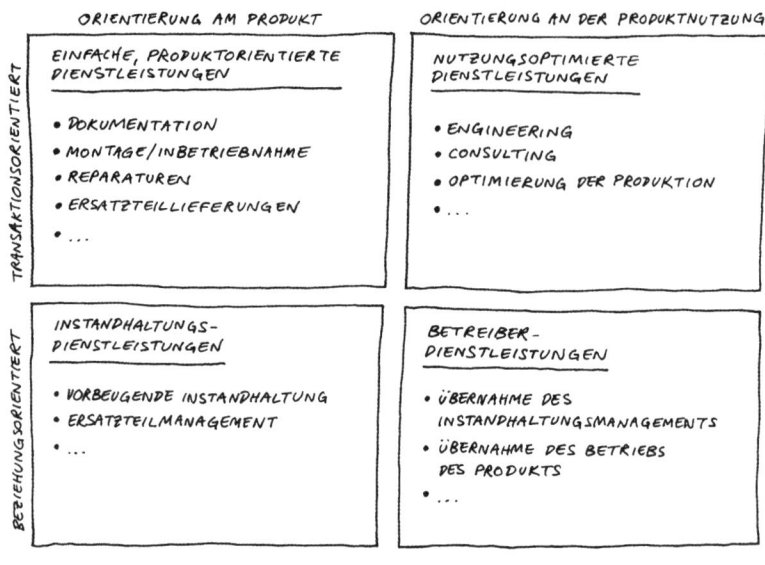

Abbildung 45: Systematische Multiplikation und Verwertung von Dienstleistungen

Sammeln Sie hier Ideen für weitere Multiplikationsmöglichkeiten in Ihrem Unternehmen.

Fit for it

„Die meisten Leute tun etwas, weil sie es tun müssen.
Innovatoren tun etwas, weil sie es nicht tun müssen."

Unbekannt

Beim Durchlesen des Buchs und der Erarbeitung der Kurzaufgaben sind Ihnen sicher bekannte und weniger bekannte Aspekte des Innovationsmanagements aufgefallen. Bei einigen Punkten haben Sie sich vielleicht zwei große Ausrufezeichen gesetzt und von Hand eine Notiz eingefügt, im Sinne von: Das müssten wir bei uns auch so machen!

Wie können jetzt wichtige Erkenntnisse aus dem Buch in die Praxis umgesetzt werden? Wie kann sich ein Unternehmen fit für die anstehenden Innovationen machen?

Eine Möglichkeit ist die Bestandsaufnahme in Form eines Halbtages- oder Tagesworkshops mit den wichtigsten Beteiligten aus dem Unternehmen. Das Team kann sich zum Beispiel aus Vertretern der Geschäftsleitung und Mitarbeitern aus den Bereichen des Produktmanagements/Marketing oder der Entwicklung zusammensetzen. Das Ziel eines solchen Workshops ist, die Stärken und Schwächen des aktuellen Innovationsmanagements zu diskutieren und mögliche Lösungen für die Schwachstellen zu suchen. Ein Workshop könnte wie folgt aufgebaut sein:

Workshop „Bestandsaufnahme Innovationsmanagement und erste Maßnahmen"
- Dauer ca. 3 $^1/_2$ Stunden
- 4 bis 10 Führungskräfte aus Marketing, Verkauf, Entwicklung, Service und Produktion

1) Aufnahme Stärken und Schwächen (Dauer ca. 30 Minuten)
- Moderator fragt nach den Stärken und Schwächen des bestehenden Innovationsmanagements. Was läuft heute gut? Wo kann oder muss man verbessern?

Die Inputs der Teilnehmenden werden auf Moderationskarten geschrieben und an eine Pinnwand geheftet.

2) Clustering (Dauer ca. 30 Minuten)
Die einzelnen Moderationskarten werden zu Clustern zusammengefügt. Es sind unter anderem folgende Cluster denkbar:
- Kultur
- Prozesse
- Organisation/Schnittstellen/Zuständigkeiten
- Kundenfokus
- Hilfsmittel/Tools
- …

3) Bewertung der Schwächen (Dauer ca. 15 Minuten)
Teilnehmer bewerten mit je 2–4 Klebepunkten die aus ihrer Sicht relevanten Schwächen, die es sofort anzugehen gilt. Wo wird mit wenig Aufwand das größte Resultat erzielt?

4) Lösungssuche (Dauer ca. 60 Minuten)
Für die wichtigsten Schwächen wird in Kleingruppen von 2–3 Personen nach Lösungen gesucht. Diese werden der ganzen Gruppe präsentiert und diskutiert.

5) Umsetzungsvorbereitung (Dauer ca. 40 Minuten)
In der Gruppe wird entschieden, welche Maßnahmen als erste angegangen werden sollen und welche noch zurückgestellt werden. Mit einer „To-do-Liste" oder einem Protokoll werden die nächsten Schritte dokumentiert, terminiert und Zuständigkeiten definiert.

Identifizierte Schwäche	Maßnahmen	Zuständig	Termin
Kein gemeinsames Verständnis der Innovationsarten	Definition der unterschiedlichen Innovationsarten und des Umgangs mit ihnen	Frank Meyer	17.03.XX

Identifizierte Schwäche	Maßnahmen	Zuständig	Termin
Mangelnde Innovations-kultur im Unternehmen	Planung einer internen Kommunikations- und Werbekampagne, um das Innovationsverständnis im Betrieb zu fördern	Lara Gut	17.03.XX
	Ideenmanagement wieder aktivieren	Michael Hartschen	01.04.XX
Unterschiedliche Innovationsprozesse im Unternehmen	Planung eines Workshops, um einen gemeinsamen Innovationsprozess und dazugehörige Tools zu entwickeln	Clara Oertli	15.05.XX
…	…		

Tabelle 29: To-do-Liste nächste Schritte

Mögliche Ergebnisse eines Workshops „Bestandsaufnahme und erste Maßnahmen Innovationsmanagement":
- Zukünftige Unterscheidung von Innovationsarten
- Anpassungen im bestehenden Innovationsprozess
- Einsatz neuer Hilfsmittel im eigenen Innovationsprozess
- Höhere Erfolgsrate bei der Realisierung von Innovationen
- Bessere interdisziplinäre Zusammenarbeit der Bereiche

Literaturverzeichnis

Altschuller, G.: *Erfinden – Wege zur Lösung technischer Probleme.* Verlag Technik, Berlin 1984

Bruhn, Manfred; Strauss, Bernd: *Dienstleistungsinnovationen. Forum Dienstleistungsmanagement.* Gabler Verlag, Wiesbaden 2004

Chan Kim, W.; Mauborgne, R.: *Der Blaue Ozean als Strategie.* Carl Hanser Verlag, München 2005

Cooper, R.G et al.: *Portfolio Management for New Products.* Perseus Books, New York 1998

de Bono, E.: Serious Creativity, *Die Entwicklung neuer Ideen durch die Kraft lateralen Denkens.* Schäffer-Poeschel Verlag, Stuttgart 1996

Frauenfelder, Paul: *Strategisches Management von Technologie und Innovation.* Verlag Industrielle Organisation, Zürich 2000

Herstatt, Cornelius; Verworn, Brigit: Management der frühen Innovationsphasen. Grundlagen, Methoden, neue Ansätze. Gabler Verlag, Wiesbaden, 2. Auflage 2007

Kotler, Philip: *Marketing-Management: Analyse, Planung, Umsetzung und Steuerung.* Schäffer-Poeschel Verlag, Stuttgart, 9., überarbeitete und aktualisierte Auflage 1999

Linde, H.; Hill, B.: *Erfolgreich erfinden: widerspruchsorientierte Innovationsstrategie für Entwickler und Konstrukteure.* Hoppenstedt Technik Tabellen Verlag, Darmstadt 1993

Matys, Erwin: *Praxishandbuch Produktmanagement. Grundlagen und Instrumente.* Campus Verlag, Frankfurt a. M., 3., aktualisierte und erweiterte Auflage 2005

Orloff, Michael: *Grundlagen der klassischen TRIZ: Ein praktisches Lehrbuch des erfinderischen Denkens für Ingenieure* (Gebundene Ausgabe), Springer, Berlin, 3., neu bearbeitete und erweiterte Auflage 2006

Schäppi, B.; Andreasen, M. M.; Kirchgeorg, M.; Radermacher, F.-J.: *Handbuch Produktentwicklung*. Hanser Verlag, München 2005

Schlicksupp, H.: *Innovation, Kreativität und Ideenfindung*. Vogel Verlag, Würzburg 1980

Seiler, Armin: *Marketing*. Orell Füssli Verlag, Zürich 2000

Schmid, Michael: *Service Engineering – Innovationsmanagement für Industrie und Dienstleister*. W. Kohlhammer Verlag, Stuttgart 2005

Vahs, Dietmar; Burmester, Ralf: *Innovationsmanagement. Von der Produktidee zur erfolgreichen Vermarktung*. Schäffer-Poeschel Verlag, Stuttgart, 2., überarbeitete Auflage 2002

Wheelwright, Steven C.; Clark, Kim B.: *Revolution der Produktenwicklung*. Verlag Neue Zürcher Zeitung, Zürich 1994

Stichwortverzeichnis

Abbildungsverzeichnis

Tabellenverzeichnis

Die Autoren

Dr. **Michael Hartschen** studierte Maschinenbau an der Universität Stuttgart. Er promovierte am BWI der ETH Zürich im Fachgebiet Innovations- und Technologiemanagement. Er ist Gründer der Brain Connection GmbH und hat über 10 Jahre Erfahrung als selbstständiger Coach und Berater im Themenumfeld von Innovationen, Technologie, Produktentwicklung und Business Development. Als Dozent an Fachhochschulen, Referent von Vorträgen und Autor von Fachartikeln über Innovationsmanagement entwickelt er das Thema Innovation aktiv weiter.
www.brainconnection.ch
m.hartschen@brainconnection.ch

Jiri Scherer studierte Betriebswirtschaft und absolvierte ein Master of Advanced Studies in Innovation Engineering. Er hat mehrjährige Erfahrung in der Moderation von Innovationsworkshops und der Durchführung von Kreativitätstrainings. Er ist Autor des Buchs „Kreativitätstechniken – In 10 Schritten Ideen finden, bewerten, umsetzen", das im gleichen Verlag erschien ist. Er ist zertifizierter Trainer von de Bono's Six Thinking Hats und Partner der Denkmotor GmbH in Zürich.
www.denkmotor.com
jiri.scherer@denkmotor.com

Chris Brügger studierte Hotelmanagement in Luzern und absolvierte ein Nachdiplomstudium in Qualitätsmanagement. Er leitet Kreativitätsseminare in Deutsch und Englisch für BWI Management Weiterbildung der ETH Zürich, moderiert Ideenfindungsworkshops und hält interaktive Referate zum Thema „Business Creativity". Er ist Autor mehrer Fachartikel zum Thema kreatives Denken und Innovation. Er ist Partner der Denkmotor GmbH.
www.denkmotor.com
chris.bruegger@denkmotor.com